龙江中国伦理思想史研究

柴文华　主　编
谷真研　于　跃　副主编

黑龙江大学出版社
HEILONGJIANG UNIVERSITY PRESS
哈尔滨

图书在版编目（CIP）数据

龙江中国伦理思想史研究 / 柴文华主编 . -- 哈尔滨：
黑龙江大学出版社，2022.7
ISBN 978-7-5686-0791-9

Ⅰ . ①龙… Ⅱ . ①柴… Ⅲ . ①伦理思想－思想史－研
究－中国②文化史－研究－黑龙江省 Ⅳ . ① B82-092
② K293.5

中国版本图书馆 CIP 数据核字（2022）第 056928 号

龙江中国伦理思想史研究
LONGJIANG ZHONGGUO LUNLI SIXIANGSHI YANJIU
柴文华 主编 谷真研 于 跃 副主编

责任编辑 宋丽丽
出版发行 黑龙江大学出版社
地　　址 哈尔滨市南岗区学府三道街 36 号
印　　刷 哈尔滨市石桥印务有限公司
开　　本 720 毫米 ×1000 毫米 1/16
印　　张 14
字　　数 201 千
版　　次 2022 年 7 月第 1 版
印　　次 2022 年 7 月第 1 次印刷
书　　号 ISBN 978-7-5686-0791-9
定　　价 55.00 元

目　录

绪论

　　"龙江中国伦理思想史研究"属于"在龙江的文化"。"龙江文化"是一种地域文化。它具有双重维度：一是"龙江的文化"；二是"在龙江的文化"。"龙江的文化"是指龙江的本土文化，即在龙江大地上孕育、产生的文化。其中，不少"龙江的文化"已经成为世界级或国家级非物质文化遗产，如赫哲族伊玛堪、五常东北大鼓、绥棱二人转、达斡尔族乌钦、鄂伦春族摩苏昆、罕伯岱达斡尔族民歌、蒙古族四胡音乐、兴安岭森林号子、杨小班鼓吹乐棚、鄂伦春族赞达仁、方正剪纸、望奎皮影戏、赫哲族鱼皮制作技艺、鄂温克族桦树皮制作技艺、鄂伦春族桦树皮船制作技艺、鄂伦春族狍皮制作技艺、赵世魁戏法、达斡尔族鲁日格勒舞等。总的特点是特殊性大于普遍性。"在龙江的文化"是指在龙江大地上存在的文化，包括中国文化和世界文化，其普遍性大于特殊性。但无论是"龙江的文化"还是"在龙江的文化"应该都属于"龙江文化"，当然前者更纯粹一些。2016 年，我们获批的黑龙江省哲学社会科学研究规划重点项目"论龙江的中国伦理思想史研究"即属于"在龙江的文化"，体现了地域性和全国性，以及特殊性和普遍性的结合。之所以选择"龙江中国伦理思想史"作为研究对象，是因为龙江中国伦理思想史研究具有开拓性。

　　从蔡元培于 1910 年出版的《中国伦理学史》算起，中国伦理思想史研究已经有一百多年的历史，可以说是源远流长，成果丰硕。以 20 世纪 80 年代为界，其历程可以划分为两个阶段：20 世纪 80 年代之前属于拓荒阶段；20 世纪 80 年代之后属于繁荣阶段。在拓荒阶段，仅有蔡元培的《中国伦理学史》一部通史。在繁荣阶段，陆续出现了一大批通史类、范畴类、断代类、问题或专题类、学派类、生活史类的著作。它们共同推动了中国伦理思想史研究走向繁荣。20 世纪 80 年代之后的中国伦理思想史研究，出现了几个相对集中的板块，即以罗国杰、陈瑛等为代表的首都板块，以沈善洪、朱贻庭等为代表的长三角板块，以唐凯麟等为代表的长沙板块，以张锡勤等为代表的龙江板块。

龙江中国伦理思想史研究起步于 20 世纪 80 年代，开创了我国几个第一：出版了第一部中国近现代的断代伦理思想史、第一部中国伦理思想通史、第一部中国传统道德范畴史、第一部从中国伦理道德产生写到"八荣八耻"社会主义荣辱观产生的道德生活史。龙江中国伦理思想史研究为龙江的文化建设做出了重要贡献。

第一章

中国伦理思想史研究回顾

　　研究龙江中国伦理思想史成果，必须把它放到整个中国伦理思想史研究的大背景中，因此，第一章是对整个中国伦理思想史研究的回顾，可以看作龙江中国伦理思想史研究的背景或语境。

　　百余年来，特别是20世纪80年代以来，中国伦理思想史研究取得了丰硕的成果。总结和分析百余年来的中国伦理思想史研究成果，对于找到龙江中国伦理思想史研究的定位、探寻当下中国伦理思想史的研究路径、弘扬中华传统美德具有重要意义。

第一节　中国伦理思想史的成果

　　从蔡元培于1910年出版的《中国伦理学史》算起，中国伦理思想史研究已经有一百多年的历史，可以说是成果丰硕。下面分别从资料整理、范畴研究、通史类研究、道德生活史研究、断代研究、学派研究、问题或专题研究等方面进行梳理。

一、资料整理

就资料整理而言，中国人民大学出版社出版了罗国杰主编的《中国传统道德 德行卷》《中国传统道德 规范卷》《中国传统道德 理论卷》《中国传统道德 名言卷》《中国传统道德 教育修养卷》系列丛书，为中国传统伦理道德史的研究提供了丰富而系统的资料。

二、范畴研究

就中国传统道德范畴研究而言，已经出版了张锡勤的《中国传统道德举要》（两个版本）。1996 年版《中国传统道德举要》由黑龙江教育出版社出版，2009 年版《中国传统道德举要》由黑龙江大学出版社出版。与 1996 年版《中国传统道德举要》相比，2009 年版《中国传统道德举要》增加了一些新篇目，补充了一些新的资料，字数增加到 45 万。与《中国传统道德举要》接近的是陈瑛、焦国成主编的《中国伦理学百科全书 中国伦理思想史卷》（吉林人民出版社 1993 年版），该书分为总论、名词学说、人物、著作、少数民族伦理思想等部分，对中国伦理思想史的名词概念做了较为系统的梳理和解说。肖群忠的《孝与中国文化》（人民出版社 2001 年版）论述了孝的起源、发展、特点、价值等，阐述了孝与中国文化精神的内在联系，并对中西方亲子关系的差异做了比较。此外，还有王子今的《"忠"观念研究——一种政治道德的文化源流与历史演变》（吉林教育出版社 1999 年版），邹昌林的《中国礼文化》（社会科学文献出版社 2000 年版），傅永聚主编的《中华伦理范畴》丛书（中国社会科学出版社 2006 年版）等。

三、通史类研究

通史类的中国伦理思想史的研究，最早可以追溯到蔡元培的《中国伦理学史》（商务印书馆），这是中国第一部伦理思想史著作，尽管篇幅不大，但是涵盖的人物、思想不可谓不丰富。在《中国伦理学史》这部著作中，蔡元培从唐虞三代一直写到清初的戴震、黄宗羲、余理初。20世纪80年代之后，中国伦理思想史的研究进入一个繁荣阶段。1985年，陈瑛、温克勤、唐凯麟、徐少锦、刘启林合作出版了66万字的《中国伦理思想史》（贵州人民出版社），对从先秦时期到五四时期的中国伦理思想做了解读和阐释。该书后记中写道："说高兴，是因为自蔡元培先生辛亥革命前写的那本《中国伦理学史》问世以后，一直没有一本中国人写的系统的中国伦理思想史，现在总算有了，尽管它很浅陋。"[①] 1989年，华东师范大学出版社出版了朱贻庭主编的《中国传统伦理思想史》，该书从西周写到明末清初的戴震。华东师范大学出版社于2003年出版了《中国传统伦理思想史（增订本）》，该书增加了第八章"中国传统伦理思想的近代变革"和结语"关于中国传统伦理的现代价值研究——一种方法论的思考"等。张锡勤等主编的《中国伦理思想通史 先秦—现代（1949）》于1992年由黑龙江教育出版社出版，该书是第一部从中国伦理思想的诞生写到现代的中国伦理思想通史类著作。比较厚重的中国伦理思想通史类著作还有沈善洪、王凤贤的《中国伦理思想史》（上中下三册，人民出版社2005年版），该书从中国伦理思想的诞生写到五四新文化运动。2008年，中国人民大学出版社出版了罗国杰主编的《中国伦理思想史》（上下卷），这是一部从殷商时期写到现当代的中国伦理思想通史类著作。张锡勤主编的《中国伦理思想史》是2009年教育部哲学社会

---

① 陈瑛、温克勤、唐凯麟等：《中国伦理思想史》，贵州人民出版社1985年版，第969页。

科学重大课题攻关项目"马克思主义理论研究和建设工程重点教材编写专项"的结项成果,2015 年由高等教育出版社出版。张锡勤、杨明、张怀承为该课题组首席专家,主要成员有柴文华、肖群忠、吕锡琛、邓名瑛、徐嘉、傅小凡、唐文明、关健英、张继军,分别来自国内八所高校。对于《中国伦理思想史》,不论是各类标题,还是逻辑结构和文字表述都比较规范、稳妥。此外,还有樊浩的《中国伦理精神的历史建构》(江苏人民出版社 1992 年版)、温克勤的《中国伦理思想简史》(社会科学文献出版社 2013 年版),它们都是有个人见解的中国伦理思想通史类著作。

四、道德生活史研究

从中国道德生活史研究方面来看,张锡勤、柴文华出版了《中国伦理道德变迁史稿》(人民出版社 2008 年版)。该书是教育部人文社会科学研究项目结项成果,主要撰稿人还有樊志辉、魏义霞、关健英、张继军、王秋,分上、下卷。同年出版的还有唐凯麟的《中华民族道德生活史研究》(金城出版社)。由唐凯麟主编,王泽应、张怀承、彭定光、李培超、高恒天等共同完成的《中华民族道德生活史》(共八卷)由东方出版中心于 2014 年和 2015 年出版。

五、断代研究

中国伦理道德史的断代研究著作有朱伯崑的《先秦伦理学概论》(北京大学出版社 1984 年版),张锡勤、饶良伦、杨忠文的《中国近现代伦理思想史》(黑龙江人民出版社 1984 年版),唐凯麟的《走向近代的先声——中国早期启蒙伦理思想研究》(湖南教育出版社 1993 年版),徐顺教、季甄馥的《中国近代伦理思想研究》(华东师范大学出版社 1993 年版），张岂之、陈国庆的《近代伦理思想的变迁》（中华书局 1993 年版），巴新生的《西周伦理形态研究》（天津古籍出版社 1997 年版），唐凯麟、王泽应的《20 世纪中国伦理思潮问题》（湖南教育出版社 1998 年版），张怀承的《天人之变——中国传统伦理道德的近代转型》（湖南教育出版社 1998 年版），许建良的《魏晋玄学伦理思想研究》（人民出版社 2003 年版），陈谷嘉的《宋代理学伦理思想研究》（湖南大学出版社 2006 年版），许建良的《先秦儒家道德论》（东南大学出版社 2010 年版），陈谷嘉的《元代理学伦理思想研究》（湖南大学出版社 2010 年版）等。

六、学派研究

按照学派来书写的著作有李书有的《中国儒家伦理思想发展史》（江苏古籍出版社 1992 年版），姜生的《汉魏两晋南北朝道教伦理论稿》（四川大学出版社 1995 年版），陈谷嘉的《儒家伦理哲学》（人民出版社 1996 年版），王泽应的《现代新儒家伦理思想研究》（湖南师范大学出版社 1997 年版），姜生、郭武的《明清道教伦理及其历史流变》（四川人民出版社 1999 年版），王月清的《中国佛教伦理研究》（南京大学出版社 1999 年版），唐凯麟、张怀承的《成人与成圣——儒家伦理道德精粹》（湖南大学出版社 1999 年版），王泽应的《自然与道德——道家伦理道德精粹》（湖南大学出版社 1999 年版），张怀承的《无我与涅槃——佛家伦理道德精粹》（湖南大学出版社 1999 年版）等。

七、问题或专题研究

按照问题或专题来书写的著作有江万秀、李春秋的《中国德育思想史》（湖南教育出版社 1992 年版），张祥浩的《中国古代道德修养论》（南京大学出版社 1993 年版），柴文华的《中国异端伦理文化》（哈尔滨工程大学出版社 1994 年版），焦国成的《中国伦理学通论（上册）》（山西教育出版社 1997 年版），柴文华的《再铸民族魂——中国伦理文化的诠释和重建》（黑龙江教育出版社 1997 年版），陈谷嘉、朱汉民的《中国德育思想研究》（浙江教育出版社 1998 年版），柴文华等的《中国非儒伦理文化》（黑龙江科学技术出版社 2002 年版），柴文华、孙超、蔡惠芳的《中国人伦学说研究》（上海古籍出版社 2004 年版），张岱年的《中国伦理思想研究》（江苏教育出版社 2005 年版），肖群忠的《中国道德智慧十五讲》（北京大学出版社 2008 年版）等。

第二节　对中国伦理思想史成果的研究

对中国伦理思想史成果的研究可以分为综论，以及书评和个人评价两个方面。

一、综论

在综论方面，比较重要的论文有两篇：一是焦国成、郭忻的《改革开放三十年来的中国伦理思想史研究》（《道德与文明》2008 年第 5 期）；二是肖群忠的《中国伦理思想史研究的回顾与展望》（《道德与文明》2011 年第 1 期）。

焦国成、郭忻在对改革开放三十年以来的中国伦理思想史成果进行综述以后，提出了自己的看法。焦国成、郭忻认为主要成就有六个：一是马克思主义的历史唯物主义和辩证法成为学者们一致认同的中国伦理思想史研究的方法论；二是对中国伦理思想进行了全面而深入的研究；三是对中国伦理思想和传统道德的价值进行评估，对其现代转换开始进行思考；四是对中国伦理思想某些方面的潜在价值进行挖掘，以求有新的发现；五是对中国古代伦理思想与社会政治的关系，以及古代德治思想的内涵与现代价值进行了比较深入的探讨；六是进行中外伦理思想和观念的比较，在全球化视野中思考中国伦理传统。存在的问题有两个：一是存在自说自话的学术研究风气；二是"三重三轻"现象突出。在对史料的分析和解读方面，重伦理思想本身而轻思想与其他事物的联系。在研究对象方面，重两头而轻中间，重中心而轻边缘。在研究内容方面，重梳理、重阐释而轻比照、轻改造。焦国成、郭忻还对中国伦理道德史研究的发展趋势进行了探讨，认为自说自话的非讨论式的研究、低水平的重复将越来越没有"市场"，多学科视角的研究方法将逐渐得到运用。焦国成、郭忻还指出，应跳出本土文化的视野，用异质文化的眼光来反思传统，进行中西伦理思想和文化的比较，传统伦理思想的现代转换研究，能够为现实问题的解决提供思想史资源，能够发挥更大的社会作用。

肖群忠在《中国伦理思想史研究的回顾与展望》中首先对中国伦理道德史的成果进行了回顾。肖群忠认为，三十年来，中国伦理或中国伦理思想史的研究取得了丰硕的成果，尤其是新世纪的研究成果不仅"照着讲"中国伦理思想和伦理生活是怎样的，而且"接着讲"中国伦理在现代社会条件和全球化条件下是如何实现创造性转化，真正成为现代道德文明的精神资源的。其次，肖群忠对中国伦理道德史的未来书写提出了自己的看法。他认为，在研究视野和研究方法上，应该坚持思想与生活、伦理与文化、经典与世俗、庙堂与田野、精英与草根的统一。他认为，中国伦理学史研究应该坚持三个方向：第一，研究要有中国特点，成果和话语形式要有中国特色；第二，极高明而道中庸，一方面面向经典，研究中国道德，阐发中国伦理的义理，提出更为深刻和独到的见解，另一方面，面向民众生活，面向小传统，面向俗文本；第三，将史与论结合起来，为当代中国伦理学的建设和发展提供本土的理论和学术资源。

二、书评和个人评价

对中国伦理道德史成果进行研究的另一个表现形式就是书评。每一部重要的著作问世后，学界都有一些书评。书评可以对著作进行分析和评价，指出著作的贡献、特点和不足，也可以对在中国伦理道德史研究方面做出杰出贡献的人物进行评价。

许广明在《蔡元培先生的〈中国伦理学史〉》（《伦理学与精神文明》1982 年）中指出，蔡元培的《中国伦理学史》是中国第一部研究中国伦理思想的专著，观点鲜明，简明扼要，尽管其中有不当之处，但是它是中国伦理思想史的开山之作，一些结论和看法至今仍然具有参考价值。

王泽应在《张岱年对 20 世纪中国伦理思想的贡献》（《南通大学学报》2007 年第 23 卷第 5 期）中指出，张岱年是一位极深研几、功力深厚的伦理思想史家，坚持用马克思主义的基本原理研究伦理道德问题，对道德的本质、特征、原则、规范、目的和个体的道德品质等进行了深入而颇具中国特色的研究，开创了运用马克思主义基本原理研究中国伦理思想史的新局面。熊坤新在《一部关于中国伦理思想史研究方法论的专著——略评张岱年先生的〈中国伦理思想研究〉》（《贵州大学学报》1991 年第 4 期）中指出，张岱年在《中国伦理思想研究》中提出了许多独到的见解，《中国伦理思想研究》对伦理学研究、中国伦理思想史研究，以及其他社会科学研究，具有重要的指导意义和参考价值。

王文东在《罗国杰先生对中国伦理思想史的探索和学术贡献》（《船山学刊》2015 年第 5 期）中指出，罗国杰先生对中国伦理思想史的学术贡献在于他梳理了中国伦理思想史的源流，概括其内容，提炼其精华，把握其精神，分析其特点，研究其方法。

李汉武在《中国伦理思想研究的开拓之作——读〈中国伦理思想史〉》（《道德与文明》1986 年第 2 期）中指出，陈瑛、温克勤、唐凯麟、徐少锦、刘启林合著的《中国伦理思想史》是自辛亥革命前蔡元培先生出版《中国伦理学史》简本以后，唯一一本由中国人自己在马克思主义理论指导下写的伦理思想史专著。它的出版推动了我国伦理思想的研究。

幽人在《中国伦理思想史研究的新探索——读陈瑛主编〈中国伦理思想史〉》（《道德与文明》2004 年第 5 期）中指出，由陈瑛主编的《中国伦理思想史》在体例上有很大的创新，在内容上博大精深，具有创新性，体现了作者求真务实的科学精神。其语言朴素，平实，准确，亲切。作者在叙述中平实地谈论自己的观点，准确地解释原典的内涵和意义，像一个敦厚慈祥的智者，令人感到亲切。

熊坤新在《对中国伦理思想史发展进程的深度把握和理性分析——评〈中国伦理思想史〉的学术贡献》（《伦理学研究》2006 年第 1 期）中指出，由陈瑛主编的《中国伦理思想史》时空跨度大，伦理学说、学派、观点的涉猎面广，学术信息含量丰富，它是一部颇有深度和厚度的学术专著，值得从事伦理学研究的学者认真研读，但它也有"以偏概全"的遗憾，忽视了少数民族伦理思想的研究。

贾新奇在《老树新枝　嘉惠后人——读温克勤先生新著〈中国伦理思想简史〉》（《伦理学研究》2015 年第 1 期）中指出，《中国伦理思想简史》的突出特点可概括为三个"平衡"：一是在全面与简洁之间保持了平衡；二是在社会历史状况的叙述与思想观点本身的探讨之间保持了平衡；三是在肯定与批评之间保持了平衡。《中国伦理思想简史》没有深奥晦涩之论，亦无惊世骇俗之谈，整体上洋溢着一种冲淡中和之美。《中国伦理思想简史》也存在瑕疵，例如，在利用《尚书》论述商周时期伦理思想时，没有对今古文做辨别、甄选。

王泽应在《旧学商量加邃密　新知培养转深沉——唐凯麟教授学术思想述要》（《高校理论战线》2005 年第 10 期）中谈到了唐凯麟对中国伦理思想史研究的贡献，如对早期启蒙伦理思潮的研究、对儒家伦理的研究等。《成人与成圣——儒家伦理道德精粹》在对儒家思想发展线索进行梳理的基础上，对儒家伦理思想的基本特质、主要道德观念，以及儒家个体道德、家庭道德、政治道德、社会公德等内容做了全面的阐释和论证，并对市场经济条件下弘扬儒家伦理道德的问题进行了科学的分析。

　　文贤庆在《〈中华民族道德生活史〉丛书书评》（《伦理学研究》2016 年第 5 期）中对唐凯麟主编，王泽应、张怀承、彭定光、李培超、高恒天等共同撰写的《中华民族道德生活史》进行了评介。他指出，该套丛书对道德与生活的关系、道德生活的内涵、道德生活史等进行了原初性的探讨和界定。基于道德与生活的辩证关系，该套丛书表明，道德生活的发展反映了中华民族文明的发展，中华民族道德生活史的实质就在于它反映着中华民族立身处世和律己待人的哲学智慧和精神风范，它是中华民族最深层次的价值追求、行为准则和目标指向，凸显了中华文明史的伦理内涵和道德特质。该套丛书从历史的角度分别概括出不同时代的道德生活史的特征。该套丛书在历史发展的线索中总结出个人、家庭、职业、社会、国家五个方面的道德生活特征。该套丛书还对少数民族之道德，以及其与汉族道德之关系进行了概括。

　　朱义禄在《伦理学史研究的新成果——读〈中国传统伦理思想史〉》（《江汉论坛》1990 年第 8 期）中对朱贻庭主编的《中国传统伦理思想史》进行了述评。朱义禄认为，《中国传统伦理思想史》是一部新见迭现、分析深刻、确有特色的专著，不仅在理论上提出了许多新颖而独到的见解，而且提出了比较完整的方法论原则。其不足之处是在人物筛选上有遗漏，比如未提及明末清初的傅山。

　　方国根在《中国伦理思想的历史梳理与理论阐释——读〈中国伦理思想史〉（上中下三册）》（《浙江社会科学》2006 年第 2 期）中指出，由沈善洪、王凤贤撰写的《中国伦理学说史》（上下卷），由浙江人民出版社分别于 1985 年和 1988 年出版，曾引起了学术界的关注。后来，经作者授权，并稍作修改和完善，人民出版社于 2005 年重新出版发行。该书针对问题，突破难点，紧紧围绕封建社会的道德伦理问题展开系统、深入的理论探讨，提出了一系列极富启发性的见解。该书资料翔实，内容全面而又突出重点。该书通过对中国两千多年来各历史时期伦理思想思潮、学派、代表人物、学说、命题的系统考察和梳理，较清晰地勾勒出中国伦理思想的演变发展史，具有很高的史料价值。就方法而言，该书不满足于对历史上伦理思想资料进行简单的归纳和叙述，而是运用比较、诠释、综合、分析等多种方法，对中国伦理学说进行深入的检讨和阐发。该书揭示和凸显了中国伦理思想学说的合理价值和现代人文意蕴，为建设中国特色社会主义精神文明提供了有益的参照，特别是对以法治国、以德治国、建构和谐社会具有重要的理论意义和现实意义。

关健英在《评〈中国伦理思想通史〉》（《孔子研究》1994 年第 3 期）中指出，张锡勤、孙实明、饶良伦主编的《中国伦理思想通史》（上下卷）的特色是涉及面广，容量博大，结构严谨，脉络清晰，视角崭新。《中国伦理思想通史》（上下卷）从结构、材料、视角、方法等方面做了有益的尝试和探索，给人以新感觉，实为一部研究从先秦到现代的伦理思想的力著。

陈瑛在《当理论拥抱生活之时——读〈中国伦理道德变迁史〉有感》①（《道德与文明》，2009 年第 2 期）中指出："因为理论一旦脱离生活，就会变得枯涩、坚硬，她似乎孤高冷傲地站在那里，冷冰冰地俯视着生活，而对人们没有任何益处。然而，当理论一旦回归生活、拥抱生活时，她就会立即变得温暖而亲切，其力量和作用也迅速彰显出来。这是我在读《中国伦理道德变迁史》一书时的强烈感受。""张锡勤、柴文华主编的这本书一改旧面目，让我们耳目一新。"各个部分"也无不力图体现理论与生活相系的这个特色，在多个方面都有所突破与创新"。

柴文华、罗来玮在《略论张锡勤先生对中国伦理道德史的研究》（《求是学刊》2017 年第 44 卷第 3 期）中指出，张锡勤是中国近代思想史家、中国伦理思想史家，在中国近代思想文化史、中国伦理道德史等领域成就斐然、贡献卓著。张锡勤及其团队对中国伦理道德史的研究开创了国内数个第一，即出版了第一部中国近现代的断代伦理思想史、第一部中国伦理思想通史、第一部中国传统道德范畴史、第一部从中国伦理道德产生到"八荣八耻"社会主义荣辱观产生的道德生活史，为中国传统文化研究做出了重要贡献。

——————————

① 《中国伦理道德变迁史》有误，应为《中国伦理道德变迁史稿》。

第三节 对中国伦理思想史研究的几点思考

对于百余年来中国伦理思想史的研究，我们可以做出如下思考。

一、中国伦理思想史研究的历程

中国伦理思想史研究经历了一个由弱到强、由拓荒到繁荣的过程。

20 世纪 80 年代之前，中国伦理思想史研究处于拓荒阶段，从通史的角度来看，仅有前面提到的蔡元培的《中国伦理学史》。其主要原因是伦理学学科尚不成熟。虽然中国是礼仪之邦，有着丰富的传统道德内容，但是伦理学作为一门现代学科创立于 19 世纪与 20 世纪之交，以刘师培、蔡元培等为代表的思想家揭示了现代伦理学与传统伦理学的差别，逐步建立了独立学科意义上的伦理学。蔡元培认为，"伦理学则不然，以研究学理为的"①，"伦理学以伦理之科条为纲"②，"伦理学者，主观也，所以发明一家之主义者也"③。蔡元培在这里指出，伦理学应该是理论学科，区别于中国传统的修身理论学科。蔡元培依据西方伦理学学科，试图在中国建立一种"纯粹的伦理学"。之后尽管出现了一些有关伦理学的著作，但是真正的伦理学建构体系相对薄弱，这在一定程度上制约了人们对中国伦理思想史的研究。此外，从新中国成立到 20 世纪 80 年代前后，受到社会环境的影响，中国传统道德被贴上封建文化的标签，较少人对其进行冷静、客观的研究，这也阻碍了中国伦理思想史研究的

---

① 蔡元培：《中国伦理学史》，东方出版社 1996 年版，第 1 页。
② 蔡元培：《中国伦理学史》，东方出版社 1996 年版，第 1 页。
③ 蔡元培：《中国伦理学史》，东方出版社 1996 年版，第 1 页。

步伐。

20世纪80年代之后，中国伦理思想史研究进入繁荣阶段，通史类、范畴类、断代类、问题类、学派类、生活史类的成果不断涌现出来，这就是显著的标志。其原因是伦理学学科日益成熟，人们对中国传统伦理道德的研究热情不断高涨，人们有了适宜的思想文化环境等。更为重要的原因是改革开放以来我国综合国力不断提高，民族文化自信心大幅提升，党和政府高度重视。党章提出对中华优秀传统文化进行创造性转化和创新性发展，这势必成为一种巨大的动力，不断推进人们对中华优秀传统文化的学习和研究，中国伦理思想史研究必将进一步走向繁荣。

二、中国伦理思想史研究的格局

地域文化是中国传统文化的组成部分，极具特色，展示出中国传统文化的多种样态，如"齐鲁文化""楚文化""湖湘文化""巴蜀文化""三晋文化""秦文化""燕赵文化""吴越文化""闽南文化""岭南文化"等。它们既与中华文化血脉相连，又具有一定的地域特色。我们以此视域来观察和分析中国伦理思想史的研究，可以发现四个比较集中的板块。一是首都板块，以罗国杰、陈瑛等为代表，出版了中国伦理思想通史类著作及其他类型的著作。二是长三角板块，以沈善洪、朱贻庭等为代表，出版了多种中国伦理思想史的研究著作。三是长沙板块，以唐凯麟等为代表，著述丰富，研究全面，尤其是对中华民族道德生活史的研究深刻而透彻。四是龙江板块，以张锡勤等为代表，研究起步早，持续时间长，开创了研究上的几个"第一"。当然，除此之外，其他地域也有一定的研究成果，不过这四个板块相对集中，研究成果相对丰富。

三、中国伦理思想史研究的范式及展望

在中国哲学史学科的创立时期，陈黻宸、谢无量、胡适、冯友兰、张岱年、钟泰等出版了丰富的中国哲学史著作，运用了"以西释中""以中释中""以马释中"等诠释方式或书写范式。与之相比，中国伦理思想史的研究相对薄弱。蔡元培的《中国伦理学史》使用了中国传统的概念范畴，但明显地具有了现代伦理学意识，使用了宇宙观、世界观、有神论、革新主义、人生观、人性论、理想人格、道德价值、道德利害、道德法则、义务、权利等名词概念，其中体现了"以西释中""中西互释"的研究范式和书写范式。新中国成立以后，与中国哲学史的书写范式相一致，中国伦理思想史的书写范式亦即"以马释中"，学者以马克思主义伦理学作为诠释框架来书写中国伦理思想史，以道德起源、道德原则、道德规范、道德修养、职业道德、家庭道德等为基本框架，研究中国伦理思想史。这大大深化了中国伦理思想史的研究，取得了重要的成就。当下，应用伦理学在中国获得了长足发展，伦理学的各种分支学科遍地开花，这为中国伦理思想史的书写提供了广阔的视域。我们相信，在伦理学各分支学科的相互激荡中，中国伦理思想史的书写会进一步走向多元化，不断地拓展广度。

第二章

龙江的中国道德格言研究

思想史类的研究是以文献资料作为基础的，伦理思想史的研究亦是如此。中国伦理思想史的文献资料主要是一些传世文献，但这些文献浩如烟海，我们需要进行整理和筛选。龙江的中国伦理思想史研究者首先进行了资料的阅读和格言的整理。

第一节 《中国道德名言选粹》 《中国传统道德 名言卷》概况

龙江中国伦理思想史研究的领军人物张锡勤参与主编的资料整理类著作是《中国道德名言选粹》和《中国传统道德 名言卷》。

《中国道德名言选粹》是张锡勤和柴文华合作编著的，1990 年由黑龙江人民出版社出版。《中国传统道德 名言卷》是当时国家教育委员会组织编写的《中国传统道德》丛书中的一卷。《中国传统道德 名言卷》的主编是朱贻庭和张锡勤。1995 年，《中国传统道德 名言卷》由中国人民大学出版社出版。

《中国道德名言选粹》的近千条资料，是编著者在多年研究和积累的基础上认真筛选出来的，这些名言具有行文精彩、富有哲理、影响大等特点。《中国道德名言选粹》重点选取了在历史上影响较大的思想家的言论，对于那些脍炙人口、流传久远，又与伦理道德密切相关的文学家、史学家的言论也多有涉猎。《中国道德名言选粹》侧重于选取在现实生活中具有实践意义的道德规范、道德修养和道德教育等方面的内容，对于那些理论色彩较浓的内容选取得较少。《中国道德名言选粹》按主题思想分为43篇。每篇开头是提要，主要从总体上指出各篇的内容、意义和编者的简要评价。根据原文的难度，间有今译、注释。在若干原文所构成的一层意思之后，有编著者的评论。为了便于了解原文的出处，专门做了人物简介和著作简介。

《中国传统道德 名言卷》收录了自殷周至近代辛亥革命长达3000年的时间里所积累下来的道德名言近4000条，涉及经、史、子、集等文献200余种；所收录的格言以汉族格言为主，也包括蒙古族、藏族、维吾尔族、回族、傣族、壮族等少数民族的格言；学派有儒、墨、道、法等。《中国传统道德 名言卷》按照传统道德名言的具体内容及其思想层次分为"德治教化""公私义利""品德节操""修身养性""人生处世"五篇。

第二节　《中国道德名言选粹》
《中国传统道德 名言卷》的特色

《中国道德名言选粹》和《中国传统道德 名言卷》虽然主要是对史料进行整理和筛选，但是也具有一些特点。

一、有明确的选编目的

选编的目的是弘扬中国优秀传统道德，并对其进行创造性转化，使其实现创新性发展，从而为当代中国的道德建设提供借鉴。

《中国道德名言选粹》的前言指出，中国是礼仪之邦，具有悠久的文化和丰富的精神文明积蓄。在前人的道德思想中，包含不少具有积极意义和永恒价值的精湛论述，这些精湛论述至今仍具有启人心智、净化灵魂、使人振奋、催人向上的积极作用。人们能够从这些"陈年老酒"中品味出绵长的幽香，获得有益的精神滋养和享受，进一步认识和匡正自己的人生，健全自己的人格。

《中国传统道德 名言卷》的卷序指出，中国传统道德中的"当理"名言，如能结合当前社会的特点加以理解，赋予新的时代内容，在今天仍有重要的现实意义。中国人对传统名言的认同是一种深层次的文化认同，这种认同本身就是批判地继承，就是一种创造性转化。比如，我们认同"先天下之忧而忧，后天下之乐而乐"，已经以今之"天下"取代了古之"天下"，其所当忧和当乐，自然也有所不同。我们应该以马克思主义为指导，对其进行创造性转化。

二、有理论分析和价值评判

如《中国传统道德 名言卷》的卷序所说，发掘传统道德的精华，不仅要进行"事实的陈述"或"事实判断"，而且也要进行"价值的评价"或"价值判断"，这主要体现在每一篇的篇首语和书中的评论上。

《中国道德名言选粹》第一篇"重德"的执笔者是张锡勤。其篇首语是："重德治，是儒家的传统，这一主张为中国历代大多数政治家、思想家所推崇，在中国历史上曾产生过巨大影响。为了贯彻重德治的主张，许多思想家对道德的社会作用，道德与政治、法律、暴力的关系，以至道德与革命和革命党的关系，发表过许多议论。虽然，他们中许多人夸大了道德的作用，具有道德决定论的倾向，但是，他们的一些议论具有明显的合理因素和积极意义，这对于我们今天正确认识和发挥道德的作用是有重要参考价值的。"① 在数段名言所构成的一层意思之后，张锡勤又有评论："先哲们对道德的作用作了深入的阐述。他们认为，刑政出于强制，它只能使人们因'畏威'而'远罪'，并不能消除人们的'为恶之心'。因刑政的强制而'远罪'不是出于内心的自觉，是勉强的。而道德则是通过人们内心的信念、情感、良心和社会舆论来约束、调整人们的行为。它能服人之心、正人之心，使人从内心深处以作恶为可耻，而自觉地为善。因此，道德的威力更大。正因为如此，他们主张治理国家应以道德为本。但是，他们并没有抹煞、否定刑政的作用，把'德治'看作是治国的唯一手段，而是认为道德与刑政两者是相互辅助、相互补充，缺一不可的。"②

"重教"篇指出，提倡道德，必然要落实到道德教育。重教需要尊师，尊师重教是中国传统文化的优良传统，需要得到继承。"义利"篇指出，处理好义利关系是道德教育、道德修养的头等大事，许多人对义利关系的分析具有合理因素和积极意义，他们的某些观点今天读起来仍然发人深省。"群己"篇指出，"人能群"是人区别于、优于其他动物的特性，在救亡图存的近代，应该大力提倡合群、爱群、利群的精神。"仁爱"篇指出，儒家的仁爱既包含尊重人、热爱人、同情人、帮助人的人道主义精神，又具有等级色彩。"忠恕"篇指出，忠恕的基本精神是要求人们以己心而推之人心，通过角色互换的心理体验，设身处地地为他人着想，这在今天仍不失为人际交往的重要道德准则。"礼敬"篇指出，礼与不平等的宗法等级制度密切相关，具有明显的消极因素。但一定的礼节是人际交往不可缺少的内容，正是在这个意义上，古人关于礼的论述仍然具有重要价值。与礼关系密切的恭敬、谦让等是积极的、正确的人际交往态度和方法。"诚信"篇指出，诚实不欺是一切德行的基础，是最

---

① 张锡勤、柴文华：《中国道德名言选粹》，黑龙江人民出版社 1990 年版，第 1 页。

② 张锡勤、柴文华：《中国道德名言选粹》，黑龙江人民出版社 1990 年版，第 5 页。

根本的道德，我们需要大力提倡。"智慧"篇指出，智慧既是品德，又是才能，是古今中外的思想家普遍重视的美德。"勇敢"篇指出，古人所谓勇，有动物之勇，有人之勇，人之勇又有上、中、下之分，他们提倡上勇，为捍卫道义而不惧、不怯，挺身而出。"孝慈"篇指出，孝慈包含一些消极因素，但也包含一些具有普遍意义的合理因素，对于调节家庭成员之间乃至人与人之间的关系，促进人类道德文明的进步，具有重要的参考价值。"宽厚"篇指出，人与人之间需要理解、体谅，宽厚待人必然能增进人际关系的和谐。虽然宽厚是一种美德，但是毫无原则地讲宽厚是不可取的，如对恶言恶行就不能讲宽厚。"中庸"篇指出，中庸作为一种道德准则，含有与进取精神、竞争意识相冲突的因素，容易培养息事宁人、妥协圆滑的人格，但它主张把不偏不倚和无原则的调和相区别，强调人格培养的全面性，强调把握言行的一定界限，这些思想仍然具有积极意义。"勤俭"篇指出，勤劳和节俭是中国古代劳动人民的美德，也是古代思想家所提倡的行为规范。勤劳是事业成功的基本保证，天才出于勤奋，游手好闲的懒惰者终将一事无成。节俭同消费并不抵触，同吝啬更有原则性区别，它所反对的乃是奢侈浪费。即使生产力高度发达，物质财富极大丰富，我们也要反对奢侈浪费，提倡节俭的美德。"谦虚"篇指出，事实上，谦虚不只是个人的道德品性，也是调节人际关系的重要手段。如果现代人都能以谦虚自律，就会创造出一种和谐、温暖的生活环境，这有助于生产的发展和社会的进步。"谨慎"篇指出，谨慎包括慎言慎行，即"三思而后行"，但谨慎绝不是指畏首畏尾、胆小怕事、当言不言、当行不行。古人既提倡谨慎，又主张果敢；既反对冒失，又反对懦弱。这些思想值得我们借鉴。"知耻"篇指出，知耻是关于羞耻心的问题，每个人都需要有羞耻心，有了羞耻心，就能知过改过，增强维护社会道德的自觉性，促进人际关系的和谐，促进人类文明的发展。要培养羞耻心，关键在于明确善恶是非的标准，并以此来自觉约束自己的言行。"务实"篇指出，务实要求人们戒虚、戒伪、戒空、戒浮，提倡脚踏实地、不务虚名的精神。这种求实、务实、尚实的作风应该大力发扬。"坚毅"篇指出，人生的道路是崎岖的，人们无论是在改造自然还是在改造社会的过程中，都会遇到无数的荆棘、难关，要想战胜这些艰难险阻，就要拼搏、奋斗。而人们的拼搏、奋斗能否成功，取决于是否具有坚定的意志、顽强的毅力和百折不回的精神。这是古人所倡导的。"愚公移山""精卫填海"等寓言所反映的正是坚毅精神。"团结"篇指出，团结指人们在意志与行动上的和谐统一，是围绕一定目标和利益而形成的向心力和凝聚力，是事业成功和社会进步的基本动力之一。虽然古人讲的团结有特定的利益基础和具体内容，但是其中也包含一些具有积极意义和普遍意义的东西。

《中国传统道德 名言卷》也是如此，每一篇都有导语，每一节都有按语，这体现出编者的理论分析和价值评判。其中，第三篇品德节操和第四篇修身养性由张锡勤、柴文华编写。在第三篇的导语中，编者提出了对中国传统道德名言进行研究的基本原则和方法：一是坚持实事求是的原则，正确把握其真实内涵；二是坚持具体问题具体分析，正确分析其积极因素和消极因素；三是运用由表及里的方法，分析和把握其包含的深层意蕴。同时，第三篇的导语还对道德名言的现实意义进行了分析：一是为人们提供了做人目标方面的启示；二是为人们提供了一些思想指导和行动指导。总体而言，道德名言有助于提高人们的道德水平，有助于促进整个社会的进步。在第三篇品德节操中，"第十三节 谏诤"指出，古人关于"从道不从君""从义不从父""忠言逆耳利于行"等的劝诫，对于我们今天协调家庭关系乃至一切人际关系，具有重要的参考价值。"第十五节 公正"指出，公正包含公平和正直，这种美德在今天仍然应该得到大力提倡和发扬。"第十六节 廉洁"指出，廉洁就是不苟得，不妄取，不受不义之财，这主要指的是一种官德。在社会主义市场经济条件下，大力提倡廉政建设是十分必要的，古人关于廉洁不贪的思想会为我们提供有益的启示。"第十七节 奉献"指出，奉献是指为了正义和真理，为了国家和群体的利益而奉献出自己的一切，甚至不惜牺牲生命的精神。尽管古代思想家所说的真理、理想、正义、民族、国家等有着特定的历史内容和一定的局限性，但是他们所倡导的奉献精神在今天仍有重要意义。"第十八节 气节"指出，气节是指一个人在政治上、道德上的坚定性。这种坚定性来自崇高的理想、坚定的信念，以及长期的修养和磨炼。古人认为气节重于生命，气节曾造就了一代代志士仁人，这些志士仁人在历史上留下了可歌可泣的光辉篇章。"第十九节 奋发"指出，奋发是指一种勤勉不倦、积极进取、坚持不懈的精神，它是中国古代先哲所提倡的一种积极心态和高尚品格。虽然古人所追求的目标与我们所追求的目标不尽相同，但是贯穿在这种追求中的奋发进取精神具有永恒的价值。"第二十二节 自尊"指出，自尊是人们对自身价值的自我确认，是对自己人格的自我尊重。人只有树立正确的自尊心，才能建立自信心，激发自强精神，奋发向上，有所作为。但我们应该把自尊和自大区别开来，从而正确理解和把握自尊。"第二十三节 自信"指出，自信就是对自己有正确的认识和估计，相信通过自己的努力能够实现既定的奋斗目标。但我们应该把自信和自满区别开来，做到"自信而不骄盈"。"第二十四节 自强"指出，自强就是自强不息，自立进取，通过自己的不断努力，实现自己的愿望。要自强，应该先自胜，能自胜，方能自强，这一认识是深刻的。在中国历史上，自强不息的思想曾激发了中华民族拼搏进取、奋发图强的精神。今天，在建设新时代中国特色社会主义伟大事业中，我们更应该发扬自强不息的精神。

在第四篇修身养性中，"第一节 修身"指出，道德品质的养成，不仅要靠社会、家庭的教育，也要靠自我教育、自我磨炼，这就是修身。《大学》指出，修身是齐家、治国、平天下的前提和基础，因此，人人都要以修身为本。"第二节 立志"指出，立志就是树立高尚、远大而明确的奋斗目标和理想。立志是事业成功的保障，"有志者事竟成"即是此意。虽然由于时代的差异，古人的志向、抱负、理想与我们的志向、抱负、理想不尽相同，但是古人重立志、提倡立大志的思想，对于我们自觉树立远大理想、激发进取精神仍有重要的参考价值。"第三节 为学"指出，学习不仅包括学习道德知识，也包括学习文化知识，学习是道德修养的重要方法。只有通过学习，掌握道德知识，才能形成正确的道德认识，从而指导自己的行动。春秋时期，虽然孔子承认"生而知之者"的存在，但是孔子强调的是"学而知之"，这也是儒家的一贯主张。这对于人们端正学习的态度，尤其是端正学习道德知识的态度具有重要意义，值得我们高度重视。此外，古人关于学习态度、学习方法的种种论述，对我们也有不同程度的启发。"第五节　改过"指出，改过是道德修养的重要内容和要求。金无足赤，人无完人，人难免犯错误，但有了错误，一定要改正，做到"不贰过"，这样才能避免有大过。诚如《左传·宣公二年》所载："人谁无过，过而能改，善莫大焉。""过而不改，是谓过矣。"（《论语·卫灵公》）改过在道德修养方面具有重要意义，值得我们提倡。"第六节　自省"指出，自省即自我反省，"反求诸己"，"日省其身"，通过自省，发现自己的过失并改正，"见贤思齐，见不贤而内自省"（《论语·里仁》），从而不断提高自身的道德水平。这对于我们加强道德修养仍有参考价值。"第七节　慎独"指出，慎独就是在个人独处的情况下，也要谨慎小心，自觉遵守道德规范，不能因为别人不在场或不注意而干坏事。一个道德高尚的人必然是达到慎独境界的人。慎独作为一种修养方法和道德境界，在今天仍不失其价值。"第八节　重微"指出，在道德修养过程中，重视细微小事及对细微小事的积累是重要的。作为一种道德修养方法，重微对我们仍有指导意义。"第九节　日新"指出，日新就是天天更新，人们在德业、学业、事业上均应日有进益，天天更新，生命不息，日新不止。这实际上是要求人们在道德修养方面永不自满，永不止步，做出不懈的努力。总之，许多格言在今天仍然具有指导人生、提高道德境界的意义。

三、有清晰的逻辑结构

《中国道德名言选粹》是按照德治、德育、规范、节操、修养等逻辑线索编撰的。《中国传统道德 名言卷》分"德治教化""公私义利""品德节操""修身养性""人生处世"五篇，这五篇相互贯连，自成体系。如《中国传统道德 名言卷》卷序所说，"德治教化"反映了道德功能与治国安邦、育才造士、道德表率、移风易俗、齐家的关系，充分体现了古代先贤关于"重德""重教"的思想，而正是在这种思想的指导下，才有了丰富的道德实践，才有了总结道德实践经验的大量言论，因此将"德治教化"列为首篇。"公私义利"为第二篇，所收录的关于"群己""公私""义利""理欲"等方面的名言，反映了传统伦理道德所蕴含的"贵公""重义"精神，其中，"爱群利群""公而忘私""先公后私""见利思义""以理导欲"等集中体现了中国传统道德价值观的精华。"品德节操"篇就是这种"贵公""重义"价值观的具体体现，故列为第三篇。而要使道德价值观和品德节操转化为内在的德行，人们就必须修身养性，故列"修身养性"为第四篇。"修身养性"并不是道德实践的目的所在，道德主体要通过修养，使道德要求更好地落实到人生处世上，故列"人生处世"为第五篇。总之，各篇前后贯通，互相联系，构成了一个完整的体系。

《中国道德名言选粹》出版后，李耀宗刊文认为，该书特色鲜明，结构严谨，主题明确，涵盖面较广，应用性强。傅盛安刊文认为，该书坚持以马克思主义为指导思想，具有广泛性和实用性。《中国道德名言选粹》和《中国传统道德 名言卷》主要是对中国传统道德资料进行筛选，所收录的名言是大众喜闻乐见的精彩名句，对道德实践具有重要的指导意义。在编撰《中国道德名言选粹》时，张锡勤曾经说过，先哲们的语言文字不多，但很精炼，很有味道，现代人的有些论说很长，不少都是废话。那些精炼而有味道的名言往往能给人一种精神的激励，可以流传千古。当然，《中国道德名言选粹》和《中国传统道德 名言卷》毕竟属于资料整理类著作，总体而言，实践性大于理论性，叙述性多于原创性，这也恰恰是这类著作的特点。

第三章

龙江的中国传统道德范畴研究

范畴是大的概念。龙江中国伦理道德史研究的领军人物张锡勤在中国传统道德范畴研究方面的代表作是两个版本的《中国传统道德举要》。初版《中国传统道德举要》于 1996 年由黑龙江教育出版社出版，增订版《中国传统道德举要》于 2009 年由黑龙江大学出版社出版。与初版《中国传统道德举要》相比，增订版《中国传统道德举要》增加了约 10 个条目和几个附录，字数由原来的 32 万增加到 45 万。两个版本的《中国传统道德举要》在整体上没有质的变化，可以合而论之。《中国传统道德举要》提出了中国传统伦理文化观，抓住了中国传统伦理道德之"要"，并研究了中国传统伦理道德范畴的近代转化。

第一节　中国传统伦理文化观

在《中国传统道德举要》中，张锡勤首次提出自己的中国传统伦理文化观，亦即对中国传统伦理文化的基本看法。

从人类伦理文化的角度来看，张锡勤提出了两个"之一"，认为中国传统伦理文化是人类最早的伦理文化源泉之一，也是人类历史上最为完备、成熟的伦理文化之一。

就历史地位和影响而言，张锡勤认为，独具特色的中国传统伦理文化在人类伦理文化遗产中占有重要地位，在历史上，它曾对日本、朝鲜、越南等国家的伦理文化产生过重要的、直接的影响。由中国古代家族本位的社会结构所决定，伦理道德在中国古代社会生活秩序的建构中具有重要意义。因此，中国传统文化乃是一种伦理型文化，中国自古以来就形成了一种重道德的传统，历朝历代无不高度重视并力图最大限度地发挥道德的社会功能。重道德的传统使中国伦理道德遗产异常丰富，使中国形成了一系列的传统美德，使中国早就获得"礼仪之邦"的美誉。立足于今天的视域，我们要充分认识到，中国传统伦理道德是一个多层面的矛盾复合体，体现了时代性与超越性，以及阶级性与民族性的矛盾统一。中国传统伦理文化毫无疑问地具有明显的时代性、阶级性，随着历史的发展，它的不少内容与要求已经过时。但是，作为一个文化传统从未中断的伟大民族对人类道德生活的一种系统反思和总结，中国传统伦理文化在许多方面又反映、包括了人类某些"公共生活规则"和"古今共由"的为人处世之道，体现了人类诸多的基本理智和情感，因此又具有普遍性、共同性，而这些也正是具有超越性、恒久性的东西，不仅在今天具有现实意义，在将来也仍有其内在的活力。中国传统伦理文化表现了中华民族自身独特的心理、行为模式和情感表达方式，中华民族形成了独具特色的道德精神和礼俗。这种民族性不论是在历史上还是在今天，都是维系中华民族共同体的精神纽带，是民族凝聚力的源泉。根据中国传统伦理文化时代性与超越性，以及阶级性与民族性的矛盾统一的事实，我们今天对它所持的正确态度就是批判地继承。既要批判、剔除过时的东西，又要继承、吸取具有恒久价值的部分。这就需要排除来自彻底抛弃中国传统文化的民族文化虚无主义和盲目固守中国传统文化的文化保守主义这两方面的干扰。

除此之外，张锡勤还强调了研究中国传统道德范畴对于了解中国传统伦理文化本来面目的重要性。张锡勤指出，在对待中国传统伦理文化的原则、方针确定之后，最重要的是进行扎扎实实的工作，了解中国传统伦理道德到底是什么。按照孟子的话来说，做一种"掘井及泉"的工作，更加具体、深入地了解中国传统伦理道德的全貌。而要做到这一点，必须对中国传统道德观念、范畴、规范，以及道德教育和修养方法进行研究，从而彰显中国传统伦理道德的全貌。

第二节　中国传统伦理道德之"要"

《中国传统道德举要》抓住了中国传统伦理道德之"要"，即以儒家为经、非儒为纬的主要道德范畴和基本思想。

在初版《中国传统道德举要》的后记中，张锡勤提出了两点担心：一是该书所述及的恐未必尽是中国传统伦理道德之"要"；二是有一些中国传统伦理道德之"要"，也可能尚未被该书论及。我们觉得这些担心是多余的。《中国传统道德举要》所涉及的中国传统伦理道德的观念、范畴、规范等是十分丰富的，有道德、伦理、德治、法治、义利、理欲、公私、荣辱、苦乐、生死、三纲、五常、孝、忠、贞、谏诤、友悌、仁、恕、智、勇、礼、诚、信、廉、耻、谦、让、谨慎、勤俭、公正、正直、宽厚、贵和、气节、知报、奉献、中庸、表率、自强、自尊、自信、教化、乐教、神道设教、乡规民约、家教、家规、移风易俗、修身、改过、重行、慎独、自省、重微、经权、力命、德才等，这些都是中国传统伦理道德的"核心"或重要内容，基本展示出了中国传统伦理道德的全貌。

从我国对中国伦理思想的研究来看，多数都是按历史时间和代表人物来书写的，也有按问题来书写的，如陈瑛主编的《中国伦理思想史》（湖南教育出版社 2004 年版）分为先秦、秦汉至明清、鸦片战争到新中国成立三编，每一编都是按照问题来书写的，其内容主要包括德治、法治、伦理道德的理论基础、伦理精神、道德原则、人生观、道德教育与修养、道德规范、行为准则、职业道德、家庭道德教育等。又如张岱年的《中国伦理思想研究》（江苏教育出版社 2005 年版）共有十二章，即总论，中国伦理学说的基本问题，道德的层次序列，道德的阶级性与继承性，如何分析人性学说，仁爱学说评析，评"义利"之辨与"理欲"

之辨，论所谓纲常，意志自由问题，天人关系论评析，道德修养与理想
人格，整理伦理学说史料的方法。与张锡勤的《中国传统道德举要》比
较接近的是陈瑛、焦国成主编的辞书《中国伦理学百科全书　中国伦理
思想史卷》（吉林人民出版社 1993 年版），该书分为总论、名词学说、人
物、著作、少数民族伦理思想五个部分，对中国伦理思想史的名词概念
做了较为系统的梳理和解说。相比而言，张锡勤的《中国传统道德举要》
是中国唯一一部真正意义上的中国伦理道德范畴论著作，其地位和规模
有似于中国哲学范畴史研究中张岱年的《中国哲学大纲》、葛荣晋的《中
国哲学范畴史》和张立文的《中国哲学范畴发展史（天道篇）》《中国哲
学范畴发展史（人道篇）》，是具有鲜明特色的标志性研究成果。此外，
张锡勤的《中国传统道德举要》还是真正意义上的中国传统道德范畴史
著作，梳理出了每一个观念、范畴、规范等的动态发展过程及其复杂的
含义，为我们真正把握中国传统伦理道德的全貌提供了坚实的基础。张
锡勤的《中国传统道德举要》尽管有少数民族伦理道德的暂时空缺，但
是足以担当起中国传统伦理道德范畴研究第一作的美誉。张锡勤为龙江
的中国伦理思想史研究做出了重要贡献。

第三节　对中国传统道德核心范畴的提炼①

　　中国传统道德核心范畴代表了中国传统伦理道德的基本精神。张锡
勤通过对中国传统道德范畴的诸多条目进行系统全面的梳理和提炼，认
为中国传统道德核心范畴是公、礼、和，尚公、重礼、贵和是中国传统
道德的基本精神，而尚公是三者中的基础，是中国传统道德最基本的价
值取向，重礼与贵和则是由尚公衍生发展而来的。张锡勤深入地分析了
三者的起源、发展、内在含义与要求，以及它们的历史局限性，认为尚

---

　　①　本节由迟浩然执笔，柴文华修改。

公、重礼、贵和在当今社会也具有一定的借鉴意义。在对尚公精神的具体论述中，张锡勤将重仁、重义、重忠作为尚公精神的主要体现。对于重礼思想的阐释，张锡勤提出恭敬与谦让是作为"四德""五常"之一的狭义的礼的基本要求。作为中华民族的民族精神的贵和精神，体现在诸多方面，如人与大自然的和谐，人际关系的和谐，个人自身的身心和谐等。而恕道、宽厚、礼让则是实现贵和的重要举措。张锡勤提出，"和而不同""和而不流"是贵和精神的真正内涵。张锡勤对中国传统思想研究和龙江的中国伦理思想史研究做出了重要贡献。

一、尚公

所谓"公"是指国家或其他大群体等公共的利益，而"尚公"便是以公共群体的利益为主的意思。张锡勤认为："尚公是中国传统道德的基本精神和基本价值取向，也是中国古代政治文化的重要特征。"①

（一）产生与发展

春秋时期，公室的政权不断下移，东周时期建立的礼乐制度逐渐被废弃，下移的政权逐步被"私家"卿大夫们掌握。而随着公室地位的下降和私家权力的不断壮大，公与私的矛盾愈发加剧。此时，不仅儒家，还有墨家、法家等学派皆提出以崇公抑私为主的尚公思想，以期达到协调公私矛盾、维护公室的地位与权力的目的。因此，这一时期的尚公思想便与人们对公室、国家的忠联系起来，将忠视为尚公的一种途径。

进入战国时期，铁犁广泛用于牛耕，生产力水平得到了提高。井田制逐步瓦解，人们渐渐不事公田，私田私有，私有工商业勃然兴起，私有经济得到迅速发展。随之而来的是社会利益关系日趋复杂，"各亲其

---

① 张锡勤：《中国传统道德举要》，黑龙江大学出版社 2009 年版，第 47 页。

亲，各子其子，货力为己"（《礼记·礼运》），公室利益被私家利益威胁，公私矛盾更加尖锐，于是提倡崇公抑私的思想家越来越多，公的地位被提至更高。《吕氏春秋》写道："天无私覆也，地无私载也，日月无私烛也，四时无私行也。"这句话从"天"的"无私"论证公的道义性，认为人们应该效法天地，以尚公为至德。

张锡勤认为，"在中国古代，古人所崇尚的公，不仅系指'人主'、'公室'、国家的公利，同时又指对人对事公正、公平，不因个人私利以及爱憎喜怒而偏私的态度"①。而"公正、公平、不偏私"则主要是对君主或执政者的期望甚至要求。统治者要尚公去私，一方面，这是为了维护国家的根本利益，另一方面，做到尚公去私的统治者秉公执政也是百姓之福。因此，这一时期的尚公思想具有积极意义。

而到了宋明时期，理学家们不断强调道德的教化与修养，自然更加重视公室内部的和谐，于是尚公思想成为维护皇权统治的更广泛的要求。被视为"天理"的公也被提升到更高的高度，公的含义被不断扩大。相对应的，私被全面排斥。张锡勤认为，个人利益是个人生存发展的需要，儒家虽然将公置于私之上，但是并没有否定个人利益的正当性。因此，中国古代谴责的"私"是指为了私利而违法违礼甚至侵犯公室利益的行为，亦即私心、徇私。

直至明清时期，私才被早期启蒙思想家们公开肯定。但是他们肯定的私也是指正当的个人利益和行为，并非是前人批判的私心、徇私等不良动机与行为。他们虽然拥护利己主义，但是也在批判着不正当的极端利己主义，尚公依旧被思想家们提倡。

（二）重整体观念的体现

从原始文明到社会文明形成，中国始终没有破坏氏族血缘关系，这就导致中国古代形成了一种以家族为本位的社会结构。家族的整体利益

---

① 张锡勤：《中国传统道德举要》，黑龙江大学出版社 2009 年版，第 49 页。

关系到每个家族成员的个人利益，个人的社会地位在很大程度上受到家族整体的社会地位的影响，因此，人们会将家族的整体利益放在首位。而人类具有社会性，不可能独立于社会而孤立生存。于是，张锡勤提出，"整体重于个体，整体利益高于个体利益，个人应服从整体，就成为中国传统伦理道德的基本价值取向"①。而在中国古代，人们通常用"公"来表示整体，尚公作为中国传统伦理道德的基本精神之一，体现在很多方面。基于张锡勤《尚公·重礼·贵和：中国传统伦理道德的基本精神》一文，我们主要从重仁、重义、重忠三个方面来论述尚公精神的表现。

张锡勤认为，尚公是百善之源，尚公去私即是仁。故而我们谈尚公，就不得不提到作为全德之称的仁。重仁是尚公精神的重要体现之一。孔子认为"克己复礼为仁"。仁的基本精神、内在要求就是爱人、利人，这与"利己"是矛盾的。在为人处世时，若只是为了利己，就不能做到爱人、利人，反而还容易害人，是为不仁。因此，我们要想达到仁的境界，就应该先做到克己、去私。然而，随着私有经济的不断发展，利己主义愈发普遍，与爱人、利人的矛盾愈发突出。于是，宋明时期的理学家们更加强调"克己"，即克服自己的私欲、私心，他们"以公释仁，以去私作为仁之方"②。他们提出，"公而无私便是仁"（《朱子语类》卷六），"人能至公便是仁"（《河南程氏外书》卷十二）。由此看来，我们只有达到仁的境界，破除己私，才能具备各种德行，即能做到尚公。

作为中国伦理学史上大问题之一的义利之辨，始终被人们高度重视。张锡勤从"义为公，利为私"的角度出发，针对义利之辨的问题谈论尚公克私，认为我们应该"在重整体利益的原则、前提下，谋求、满足个人利益"③。先哲辨义利，辨明的是人们在面对利益时应从道义出发还是

---

① 张锡勤：《尚公·重礼·贵和：中国传统伦理道德的基本精神》，载《道德与文明》1998 年第 4 期。

② 张锡勤：《尚公·重礼·贵和：中国传统伦理道德的基本精神》，载《道德与文明》1998 年第 4 期。

③ 张锡勤：《尚公·重礼·贵和：中国传统伦理道德的基本精神》，载《道德与文明》1998 年第 4 期。

以私利为先。张锡勤在其著作《中国传统道德举要》中概括了儒家义利观的四个要点：其一，获得利益应采用符合道义的方式，以道义为准则才能正确解决人们之间的利益关系；其二，推而广之，任何事都应从道义出发，只要合乎道义，于己无利有害也应为之；其三，私利要服从公利；其四，明义利之辨，不仅是为人处世之道，也是治国之道。① 由此看来，学者们并没有完全否认利的存在，而是认为我们获得利应该通过正确的、符合道义的方式。"义与利，只是个公与私也。"（《河南程氏遗书》卷十七）"义也者，天下之公也；利也者，一己之私也。"（刘宗周：《证人社约言》之五）这都是说明义代表着公家公室，而利代表着私家。先哲所谈论的正确处理义利关系的问题，其实就是正确看待公私关系的问题。我们所讲的"以义制利"，其实就是以公制私，将公室利益置于私家利益之上，在不侵害公室的、整体的利益的前提下，可以在符合道义的情况下满足个人的利益。重义，就是重公、重整体。

自春秋始，忠就被人们奉为美德。直至后来"三纲"被提出，君为臣纲被置于"三纲"之首，同样体现了人们对忠的重视。张锡勤指出："忠的基本内容与要求是真心诚意、尽心竭力地对待他人，对待事业。"② 这是说为人忠心，体现在竭尽自己所能地为他人做事。但并不是所有的尽己行为都能称为忠。张锡勤还提出了忠的其他要求：忠出于公，且为人谋的是助善的事情。也就是说，忠是有原则的行为，人们需要有为公室谋取利益的诚心，需要"成人之美"，而非"助人为恶"。起初，忠维护的是公室和君权，忠是对臣子的一种道德要求。但是到了后来，在忠君之外，还有忠国爱民。因此，出于私心而顺君之意、为君作恶是为奸佞不忠。宋明时期的理学家们倡导"存天理灭人欲"，而纲常就是被上升至天理的存在，天理是"公"，人欲成了"私"。《忠经·天地神明》有言："忠者，中也，至公无私。"因此，人们提倡忠，亦是推崇尚公的重要体现。

---

① 张锡勤：《中国传统道德举要》，黑龙江大学出版社 2009 年版，第 23 页。
② 张锡勤：《中国传统道德举要》，黑龙江大学出版社 2009 年版，第 100 页。

（三）时代价值

在现在看来，提出并推广于中国古代封建社会的尚公精神的局限性是十分明显的。尚公精神的提出，从根本上来说是为了维护中国古代封建统治制度，为了将统治阶层建立的阶级秩序平衡在一个可控的范围内。此外，统治者依靠思想家们推崇的尚公精神维护王权和公室利益，却在一定程度上蔑视了底层百姓的个人利益。这无疑与我们当今社会主义社会构建的理念不符，甚至相悖。

但是我们不可否认，尚公精神的千年流传，产生了很大的积极作用。尚公精神所蕴含的重视整体的观念，根植于人们的内心，使人们学会将国家利益置于家族利益、个人利益之上，并且在一定程度上弘扬了为国家、为人民做贡献的爱国主义精神和奉献精神。不论是"天下兴亡，匹夫有责"还是"苟利国家生死以，岂因祸福避趋之"，尚公精神仍有很多值得我们借鉴的地方。

二、重礼

礼被先哲们列为"四维"之首，又在"四德""五常"之列，一直被学者们高度重视。张锡勤认为，"重礼是中国传统伦理道德的又一基本精神"①。

（一）起源与发展

"作为道德规范的礼，其基本精神是要求人们自觉遵守等级秩序，自

---

① 张锡勤：《尚公·重礼·贵和：中国传统伦理道德的基本精神》，载《道德与文明》1998 年第 4 期。

觉尊重他人的等级地位，并为满足他人的等级权益而尽义务。"① 而礼的最初形态，源于上古时期的宗教祭祀，它指的是祭神仪式中的一种仪文。但是中国古代的宗教很早就被政治融合，成为具有政治意义的宗教，这使得宗教上的礼在一定意义上是为政治提供服务。而由于受到特有的家族本位思想的影响，中国古代早期的政治形态很早就被渗透了伦理意义，成为具有伦理性的政治形态。到了春秋时期，人们则将礼作为"政治体制的核心"和"人的行为准则"。因此，礼由宗教意义发展到政治意义，最终又回到伦理意义。

儒家倡导仁礼统一论。孔子重仁，提倡爱人，又认为仁与礼是密不可分的。"克己复礼为仁"，就是说我们要克制自己的私欲，使自己的言行合乎于礼的约束，才能达到仁。这说明孔子认为是否能达到仁，是以是否合乎于礼为标准的。儒家强调的爱有等差，而体现等差的便是礼。

"礼"在中国古代有广义与狭义之分。"在中国古代，最广义的礼泛指典章制度，一切社会规范，以及相应的仪式节文。"② 中国古代学者对礼的广义规定，几乎涵盖了全部的上层建筑，如规范人的准则、律法、"五常"等。而作为道德规范的礼，则属于狭义的礼。张锡勤认为，狭义的礼也有广狭之分。有全德之称的作为最高道德规范的礼是广义的道德规范之礼，而作为四德五常之一的礼则属于狭义的道德规范之礼，其主要内容是礼仪、节文、礼貌。

但是无论是广义的礼还是狭义的礼，都是为了建立中国古代社会中的等级制度，并使其和谐而有序。礼的要求的覆盖面极为广泛，从衣食住行到人际交往，都蕴含着礼的等级要求。古代思想家们反复强调乱礼的不良影响，认为礼的存在可以使社会变得安定有序。

对于礼维系不同等级之间的平衡关系，先哲们提出了双向要求。先哲们认为，在协调人际关系时，不仅为人臣者、为人妻者等需要遵循礼的约束，为君者、为父者等也要遵守礼的规范。只有双方各自遵循属于

---

① 张锡勤：《中国传统道德举要》，黑龙江大学出版社 2009 年版，第 180 页。
② 张锡勤：《中国传统道德举要》，黑龙江大学出版社 2009 年版，第 180 页。

自己的道德要求、行为准则，不同的等级才能形成良好的平衡关系，等级制度才能稳固发展，社会才能和谐有序。

总而言之，中国古代重礼的思想体现了先哲们对于维系秩序的不懈追求。古人认为社会秩序安定得益于礼的存在。然而，一些思想家们过度强调礼，偏离了倡导礼的初心，强迫人们遵循不符合时代要求的繁复的古礼，这使得礼具有了形式化和片面化的倾向。

（二）狭义之礼的基本精神及要求

古人认为，恭敬与谦让是狭义之礼的基本精神与要求。张锡勤提出："敬与让是礼的两项基本要求，也是人际交往中必不可少的两项基本准则。"[①] 恭敬与谦让有不同的含义，又彼此密不可分。古人常以恭敬或谦让来阐释礼。我们可以说，谦让是由恭敬衍生出来的，如果没有恭敬之心，就很难做到谦让。在古代的思想家们看来，礼从人们内心的恭敬、谦让中产生，外在的礼仪、节文、礼貌只是用来展现人们内在的恭敬与谦让。只要我们发自内心地对他人恭敬与谦让，外在自然而然地会以礼的形式表现出来。

先哲们认为，敬不仅仅是居下位者、卑贱者对居上位者、尊贵者的态度，居上位者、尊贵者也应礼敬居下位者、卑贱者。此外，我们不仅要尊敬贤能之人，也要正确对待贫贱卑幼者。这才是我们应学会的敬人之礼。

关于谦之德行的记录也很久远。《周易》即有谦卦，对谦做了系统而不繁杂的记录，《老子》也从很多方面对谦的益处和骄横的危害做出了极其详尽的阐释。而先哲们在倡导和发扬谦之德行的同时，也一再强调，谦应源于内心的真诚，不是真心诚意的谦就是虚伪。此外，先哲们还进一步论述了培养谦之德行的一些途径，如正确认识自己，充分重视他人，不断开拓个人的眼界，学会正确评价自己，不能自视甚高。

———————

① 张锡勤：《中国传统道德举要》，黑龙江大学出版社2009年版，第188页。

（三）时代意义及局限

中国古代社会重礼，这在很大程度上是为了维护封建统治，以期达到维护社会秩序安定的目的。先哲们反复强调无礼、乱礼的危害，他们认为秩序是群体安定生存的前提与基础，只有人人遵循礼，才能更好地维护社会秩序，即等级秩序。荀子曾对礼与等级秩序的重要性做出了深刻论述。荀子指出，人的野心和欲望是无穷尽的，然而人们能得到的地位却是有限的，而这就是矛盾所在。倘若人们想要二者兼得，这势必会造成各种阶级之间的无穷斗争，破坏社会秩序，从而削弱整体力量，在封建社会中我们可以说，这会削弱国家的整体力量。因此，为了保护社会整体的、共同的利益，礼必须存在，人们需要礼来平衡各种等级关系、利益关系。从根本上来说，荀子的这些论述还是为了维护封建统治。但是其中对于人的社会性的看法，在如今看来仍是值得我们进行深入研究的。

然而，中国古代的重礼精神还有着不可否认的局限性。古人将封建制度看作唯一的、不可更改的社会秩序，认为人们都应该遵守、维护这一秩序，因此千方百计地去约束人们遵循他们所提出的礼的制度。这一想法从出发点来看就是不正确的。随着"三纲五常"的出现，封建专制制度愈发"完备"，统治者们愈发重视礼的推行，借此巩固封建王朝的统治。即便是儒家的仁礼统一思想，也体现出儒家学者既想维护封建等级制度，又想借此达到在等级制度下人际关系依旧和谐的目的。此外，迂腐的思想家们过分强调繁杂的古法、古礼，约束人性，这又在一定程度上阻碍了社会的进步，不利于社会的发展。

三、贵和

张锡勤提出，"贵和是中国传统伦理道德的又一重要精神"①。古人重视"和"的精神，这离不开他们尚公、重礼的意识。从根本上来讲，不论是提倡尚公思想还是重视礼的精神，都是为了维护中国古代封建制度。古代思想家们将礼作为他们维护封建等级社会安定的一种准则，既要严格区分等级，又要调节不同等级之间的关系，目的则是使封建等级社会和谐安定。一定的社会秩序可以保证社会和谐安定，而社会的和谐安定又能促进秩序稳定。因此，和又是礼的精神原则。

（一）贵和精神的体现

张锡勤认为，贵和精神作为中国传统道德的基本精神，主要体现在三个方面，即人与大自然的和谐，人际关系、个人与社会群体关系的和谐，个人自身的身心和谐。中国古代思想家们认为，天地万物生生不息，运行不止，而又周而复始，这是天地万物内在和谐所带来的结果。人类生长于天地间，更应该遵循天地生息之道，在各方面保持和谐。

首先，人与大自然要保持和谐。大自然是人类赖以生存的自然环境，人类的生存以大自然的存在为前提，大自然的持续存在也需要人类的维持，人类是大自然整体中的一部分。在原始社会时期，人类的衣食等必要生存条件都来源于大自然，大自然是人类赖以生存必不可少的存在。随着生产力水平的不断提高，与原始社会时期相比，人类对自然的依赖有所减弱，人类却依旧不能完全脱离自然而独立生存。社会的不断发展、科技的迅速进步，使得人类对自然的开采手段日益更新，这在一定程度

---

① 张锡勤：《尚公·重礼·贵和：中国传统伦理道德的基本精神》，载《道德与文明》1998 年第 4 期。

上对自然造成了负面影响。然而，大自然与人类是互相依存的关系，大自然的破坏会使人类的生存受到威胁。因此，人类应该对大自然充满敬畏，在不破坏大自然的和谐平衡的基础上合理利用大自然，以实现人类与大自然的和谐共存。孟子主张的"不违农时""数罟不入洿池""斧斤以时入山林"（《孟子·梁惠王上》）正是说明了这个道理。

其次，要保持人际关系，以及个人与社会关系的和谐。人类是群居的生物，没有能独立于整体而生存的个体的人，这是人类独有的特征。群体生活中不能避免的是多样性，不相同的两个人自然会有不同的意识，斗争是必然存在的。然而，人类斗争不停歇注定要破坏整体的秩序，摧毁整体的力量，终将导致社会整体崩坏。因此，意识到维持整体和谐有序的必要性的古代思想家们，一方面提出"礼"的制度，以礼法来区分社会等级，约束人们的欲求；另一方面又在不同的被区分开的社会等级中寻求和谐稳定，希望和谐稳定的社会整体可以形成强大的力量，从而满足整体的需求。这就需要人际关系，以及个人与社会的关系保持和谐。儒家贵和思想的核心就是重视人际关系的和谐。

最后是人自身的和谐，即人身与人心的和谐，人的物质欲望与道德理性之间的和谐。人身能满足个人所求的程度是有限的，而人类的物质欲望却是无限的。不断增长又不被满足的欲望，会导致人心迷失，甚至会破坏社会的和谐稳定。因此，要想实现人自身的和谐，关键在于要正确处理理性与欲望之间的关系，节制自身的欲望，努力做到心境平和。此外，人们还要重视人自身的性格和谐，自觉纠正性格的偏失，使自己的性格日趋完美，从而达到身心和谐的目标。

（二）实现方法

关于实现"和"的措施，张锡勤着重讲述了礼的作用。张锡勤认为，礼的制度的主要作用是将社会划分成不同的等级，以此来维护中国古代传统封建制度。然而，古代思想家们一方面重礼，另一方面也同样重乐，"礼主分，乐主和"，希望用礼乐制度来维护国家秩序和谐稳定，既能区分社会等级，又能在一定程度上调节等级对立关系。先哲们在提倡礼的制度的时候，也提出了双向的要求，认为居下位者对居上位者要做到尊礼守礼，居上位者对居下位者也要有礼。并且，礼要恰到好处，做到适中，这体现了古代思想家们追求人际关系和谐的目的。此外，恭敬与谦让在本质上是对礼的表现与维护。因此，我们可以说恭敬与谦让是实现人际关系和谐的重要方法。

在礼之外，张锡勤也强调了恕道、宽厚、礼让、公正对于维护社会和谐稳定的作用。对于恕道，我们可以简要地将其概括为"己所不欲，勿施于人"。其基本要求就是站在他人的角度上学会爱人，将心比心，由己及人。对于自己不想做、不愿做的事情，不应该难为他人。对于想要他人去做的事情，一定要自己先做，自己能做到时，才可以去要求他人做。想让他人改正错误，一定要自己先行改正。这不仅是保持人际关系和谐的重要举措，也是儒家所提倡的实现仁德仁爱的重要途径。

"地势坤，君子以厚德载物"讲的就是宽厚之道，我们要有容人的雅量，要有虚怀若谷的胸怀。中国自古以来就将宽厚视为君子之德行，孔子认为宽厚亦是仁的重要表现之一。中国传统的宽厚之道蕴含着宽容理解、体贴尊重等道德内涵，对于我们保持人际关系和谐具有重要意义。张锡勤将宽厚的具体要求与表现概括为七条：对人不苛求；对人的批判要出于爱心，注意方式方法，不损伤他人的自尊心；应念人之恩，忘人之仇；待人处世应忍让；不应抬高自己而贬低他人；善待不如自己的人；不斤斤计较。[①] 但是，张锡勤并不提倡没有原则地一味地姑息纵容，认为宽厚是以明辨是非善恶为前提的，是有原则的。

倘若人人都能由己及人，做到"己所不欲，勿施于人"，待人宽厚礼让、恭敬温和，那么我们必将拥有一个和谐的社会。

---

① 张锡勤：《中国传统道德举要》，黑龙江大学出版社 2009 年版，第 243—246 页。

（三）贵和精神的本质

从根本上来说，中国古代思想家们所倡导的贵和精神是在"不和"中追寻"和"。中国古代社会秩序是用封建等级制度来维持的，不同的等级的存在就注定了彼此的对立，也注定了"不和"的存在。但是由于和谐对社会的安定、国家的繁荣具有重要意义，人们需要在"不和"中求"和"，以维护社会安定，建立繁荣盛世。先哲们在强调"和"、追求"和"的同时，又认为"和"不应该是抹杀一切不同的没有原则的"和"，而应该是兼容并蓄的"和"，是"和而不同""和而不流"。"和而不同""和而不流"都体现了中国传统的"中庸"思想，构成"和"的本质内容。

"和而不同"出自《论语·子路》："君子和而不同，小人同而不和。"古代思想家们对"和"与"同"做了很多分辨，从政治、文化等方面阐释了二者的区别。概言之，"和"建立在不同之上。"同"是指完全相同的、一样的、没有差别的，它会排斥差异，拒绝多样性的存在。而"和"却可以包容一切不同的存在，它可以兼收并蓄，让不同的思想、文化、事物共同存在，使它们相辅相成、共同生长。"和而不同"强调了各种有差异的、多样的存在可以共同生存，体现了可以兼容的特性。"和而不同"将多样的、不同的存在包容在一起，使有个性的个体都有所体现，还能使整体和谐有序、协调统一。"和而不同"真正体现了中国古代思想家们所倡导的"中庸"思想。

"和而不流"出自《礼记·中庸》，是指君子和有德行的人要与人和谐相处，善于调节人际关系，但不能没有原则地随波逐流。每个个体都有其个体性的差异，这是个体存在的必然。我们不能为了求"和"就放弃属于自己的、不同于他人的个性，放弃自己独有的思想和价值取向，一味地盲从、随波逐流，这并不是儒家讲"和"的本意。张锡勤认为：

"和的实现有时要通过必要的斗争。"① 也就是说，为了追求"和"而回避了必要的斗争，甚至违背道义，这是"为和而和"，这种"和"实则是"流"，是不可取的。

（四）时代意义

从根本上来说，中国古代思想家们所维护的就是封建君主专制制度。古代社会的封建等级制度注定了人与人之间的不平等，这也就没有完全公正、公平可言。古代思想家们认为，社会的安定依靠人人自觉的、安于现状的安分，这在很大程度上抹杀了底层百姓的自由与权利。即便思想家们也提出了一些双向要求，但实际上这些要求仍然是要居下位者遵守的，并不能够约束居上位者。因此，中国古代封建社会是在一个并不完全和谐公正的环境中追求和谐公正的。今天我们倡导的和谐理念，则是建立在人与人平等、公平公正的大环境下。相比之下，中国古代封建社会所提倡的贵和精神，与我们现今社会环境不相符，具有时代局限性。但是不可否认，传统的贵和精神也有至今仍然合理的、值得借鉴的地方。贵和精神的提出与发扬，体现了中国古代思想家们对人与社会关系的深入理解和探讨。贵和还包含人与自然和谐的生态伦理思想。此外，中国古代思想家们提出了"和而不同"与"和而不流"的思想，明确地将"和"与"同"区别开来，正确地阐释了人与社会和谐的内涵。

综上所述，张锡勤以其深研中国传统伦理思想几十年的功底，结合中国源远流长的历史，对反映中国传统道德基本精神的范畴进行了详细的论述。张锡勤将尚公精神看作中国传统道德基本精神的基础，认为重礼、贵和都是由尚公衍生、发展出来的，并对尚公、重礼、贵和的起源、发展、内涵、要求及其现代借鉴意义都做了详尽的阐释与分析。这对于我们正确理解中国传统伦理道德、弘扬中华优秀传统文化具有重要的启发意义。但也应该看到，张锡勤对中国传统道德基本精神的概括也有进

---

① 张锡勤：《中国传统道德举要》，黑龙江大学出版社 2009 年版，第 255 页。

一步商榷的空间。因为中国古代学派众多，所以中国传统伦理道德精神应该是多维度的，如果用尚公、重礼、贵和来概括儒家伦理的基本精神，应该是恰如其分的。如果用尚公、重礼、贵和来概括整个中国传统伦理道德的基本精神，就不甚周延，因为墨家、法家、道家等非儒学派的思想并不是儒学所能完全涵盖的。但是，如果从儒学是中国传统思想文化的主干这一角度来看，那应该是持之有故、言之成理的。

第四节　中国传统道德范畴的近代转换

范畴不是静态的，随着时代的变迁，中国传统道德范畴在内涵和外延上都发生了或多或少的变化。尤其到了近现代，在"西学东渐"的大背景下，中国传统道德范畴在内涵和外延上发生了较大的变化。张锡勤对此多有研究，我们仅以"公私""义利"作为典型例证。

一、中国传统公私范畴及其观念的近代转型[①]

中国传统公私范畴及其观念的某些元素属于中华优秀传统文化的组成部分。而另一部分只是对于当时的时代来说具有积极意义，当时代发生变化后，就应该根据新的时代精神去转化它们，就需要对公、私的地位进行新的认识。近代思想家充分肯定"私"，提出"公私并举""先公后私"，试图调和公私矛盾，从而推动社会向前发展，使当时的中国走向强大、抵御外来侵略。这是近代公私观产生的历史背景。但是由于时代局限和立场错误，近代思想家无法真正解决公私之间的矛盾。张锡勤关于传统公私范畴及其观念近代转型的论述包含何为近代公私观、近代公

---

① 本部分由彭芃执笔，柴文华修改。

私观产生的必然性、近代公私观存在的问题、对于公私观近代转型的辩证态度，以及近代公私观对当代处理公共利益和个体利益关系的借鉴意义等内容。中国传统公私观中的"崇公抑私"观念和近代公私观都是主张站在利己的角度处理公私关系，都不可能真正地解决二者之间的矛盾。在当代，正确地处理公共利益和个体利益关系的办法就是使二者统一。

张锡勤对于近代公私观转型的系统论述不多，主要体现在他的文章《论传统公私观在近代的变革》中，但是公、私这两个概念在张锡勤的著作中出现的频率却不低。在《中国传统道德举要》中，张锡勤对公、私的概念进行了界定，认为公是指社会、国家、群体的公共利益和公共事务，私是指个人利益和私事，但由于历史的局限，公与私失去了它们原本的意义。张锡勤还对从先秦到近代的公私之间的矛盾变化过程进行了分析。在《中国近代的文化革命》中，张锡勤指出，近代新学家们所提倡的公私观实际上就是许多西方近代思想家所主张的"合理利己主义"，而这种新型公私观的理论基点就是"求乐免苦"的人性论、伦理观。在《中国近现代伦理思想史》和《中国近代思想史》中，围绕近代公私观问题，张锡勤主要论述了龚自珍的人性自私说、康有为的"求乐免苦"的人性论和伦理观、严复的"趋乐背苦""开明自营"的伦理思想、梁启超的"利群"的伦理观等。在《中国伦理道德变迁史稿》中，张锡勤指出，近代新型公私观旨在维护个人利益，发展资本主义经济，建立利己主义、个人本位主义的新道德，激发个体活力进而激发社会群体活力，协调公私、群己关系等。这是从目的的角度去解释近代新型公私观。除此之外，张锡勤还论述了"两利"说、"绌身伸群"说、"以私成公"说等几种典型的处理公私关系的途径。

张锡勤采用述论结合的方式，不仅叙述前人的观点，还提出了自己的看法，辩证地看待近代新型公私观，既肯定在当时的历史条件下其产生的必然性，又指出由于近代新学家处理公私关系的出发点和共同原则都是利己主义，他们无法真正解决公私矛盾。

（一）近代公私观的内容

张锡勤认为，近代公私观是对传统公私观的批判和转化，其主要内容可以概括为合理的利己主义。

与传统公私观相比，近代公私观发生的最大变化就是充分地肯定了私的地位。在传统公私观中，公的地位是至高无上的、不可侵犯的，而对私一直保持一种鄙视和打压的态度。在道德层面上，把公界定为善，而把私界定为恶。在政治层面上，为了维护统治阶级的根本利益，提出"大公无私"的主张。到了近代，鉴于各方面的原因，当时的思想家极力提倡私，试图从各个方面去论证私的合理性，这是对传统公私观的一种批判。张锡勤说："他们在倡私的过程中并未提倡人们置公利于不顾，而是试图正确地处理好公私、群己、人我关系，实现彼此调和。这同他们在这一时期所提倡的'合理利己'主义是一致的。"① 张锡勤认为，虽然近代公私观是在肯定私、提倡私，但是这并不代表公和私是两个不能共存的概念，这并不意味着提倡私就要否定公，或者提倡公就要否定私。学者们只是在寻找途径去调和、解决公私之间的矛盾，达到先公后私、先私后公或公私并举的状态，这是对传统公私观的一种转化。也就是说，近代公私观对传统公私观既有批判又有改造，继承和发扬其中合理的、优秀的内容，剔除过时的、错误的内容，并且根据时代精神增加新的内容。

张锡勤认为，近代公私观实际上是许多西方近代思想家所提倡的合理利己主义，这是一种从个人利益出发，企图把个人利益和社会利益结合起来的利己主义伦理学说。张锡勤认为，20 世纪初，救亡图存乃是中国的当务之急，在这种历史环境中，合理利己主义这种处理公私关系的主张无疑更符合时代需求。

---

① 张锡勤：《论传统公私观在近代的变革》，载《求是学刊》2005 年第 32 卷第 3 期。

合理利己主义有两个概念，一是利己，二是合理。所谓利己，是指人天生就是自私的，人的所有行为都是围绕着自私而展开的，自私、利己是人的本性。当时的思想家认为，私是社会进化的原动力，人人都有私心，人们为了满足各自的私心，就会展开一系列的竞争，竞争能够推动社会向前发展。社会财富的创造离不开人们的自利动机。人人利己，形成竞争，个人才能持续发展，国家才能不断强盛。中国传统的道德范式就是"知足安分、贵义贱利"，普遍认同的社会价值取向就是乐于贫俭、安于现状。中国古代一直所提倡的大公无私、以公灭私的思想导致人们出现了消极应对的状态，不思进取。因此，只有强调利己主义，才能调动人们的积极性和主动性。只有让人们相信他们所付出的一切努力都是为了自己，都可以从中获利，而不再是为了统治者、为了他人办事而自己一无所获，人们才会自愿地发挥聪明才智，从而实现个体自由、社会繁荣、国家富强。另外，要拯救当时的中国，达到爱国保种的目的，也需要强调利己主义。人人都能够私其国、爱其国，有强烈的权利与义务意识，才能够拯救中华民族。这种利己主义的道德观念，实际上是当时资产阶级思想家为了论证资本主义私有制的合理性而提出来的。[1] 关于合理，张锡勤指出："在中国近代，几代新学家虽先后为私字大唱赞歌，但是他们从未鼓吹人们损人利己、损公肥私，置国家、民族、群体的公利公益于不顾。他们并未因倡私而废公，弃公于不顾。"[2] 这就是合理，即达到公私利益共存的目标，在利己的过程中要把握一个度，不要走向极端，不过分强调个人利益而置国家利益和公共利益于不顾。中国传统公私观极力地强调"大公无私"，把统治者和封建统治阶级的利益放在最高位置，片面强调民众对国家的义务，忽视民众的权利，侵害民众的所有利益，这是不合理的。近代资产阶级思想家看到了传统公私观存在的

---

① 张锡勤：《中国近代的文化革命》，黑龙江教育出版社1992年版，第64—67页。

② 张锡勤：《论传统公私观在近代的变革》，载《求是学刊》2005年第32卷第3期。

弊端，提出应当将二者结合起来，做到"自利、利他"，提倡"利己而不偏私"的合理利己主义。从利己主义出发，近代资产阶级思想家大力宣传群体意识和利群观念，大力提倡国家思想和爱国主义精神，努力培养民众的社会责任感和公德观念，从而提出了合理利己的近代公私观。

（二）近代公私观的基础

张锡勤论述了近代公私观产生的理论基础和社会基础，即"求乐免苦"的人性论、对人的社会性的认识，以及当时的社会需求。

1. "求乐免苦"的人性论

随着西学在中国的传播，近代新学家，如严复、康有为、梁启超等，开始接受并宣扬"趋乐背苦"的人性论。这种人性论以西方近代的人性论和进化论为基础，认为自出生以来，所有人的一切行为都自然地符合他们的私心，求乐免苦是人的自然本性。利己之心，人皆有之，不应当回避人的私和欲，否则就是违背人性。"从某种意义说，这种人性论、伦理观乃是近代新学家们鼓吹自私、利己的理论基点。"[1] 张锡勤认为，近代新型公私观对私充分肯定的现象与人求乐避苦的本能是密不可分的。最早宣传这种人性论的是严复，追求快乐是人的本性，是人生的目标。康有为对这种人性论做了系统的论述，宣扬了儒家的性善说，把仁爱说成是人的自然本性，同时又宣扬了资产阶级的自然人性论，把"人欲"看作"人性"。康有为认为，人类社会中的一切现象都可以用"求乐免苦"的人性论去解释，人们追求快乐的欲望可以推动社会发展，人们在追求快乐的过程中会努力改变自己现有的生存状态，礼乐政教、伦理道

---

① 张锡勤：《论传统公私观在近代的变革》，载《求是学刊》2005 年第 32 卷第 3 期。

德都是出于人们追求快乐的需要而产生的。①

张锡勤对这种人性论做出了辩证的分析，这种人性论的产生有一定的历史渊源和阶级根源。从历史渊源上说，由于宋明理学所提倡的"存天理，灭人欲"把传统公私观的弊端发挥到了极致，这些主张剥夺了人的合法权益。所谓的"天理"就是公，并不是现在所指的国家，而是君主、封建统治阶级的利益，具有虚伪性。他们是要牺牲民众的正当利益去满足封建统治阶级的欲望。在这种背景下，近代新学家便要通过肯定人欲的正当性和合理性去推崇自我、肯定个性、解除对人的束缚。从阶级根源上看，这是一场近代资产阶级、小资产阶级对封建统治阶级发起的挑战，他们用这种人性论、伦理观作为武器，揭露了封建统治阶级所说的纲常名教的反动性。近代新学家对封建旧道德进行批判，是为了树立资产阶级的新道德，抨击封建专制制度，从而论证资本主义私有制的合理性。近代新学家具有反封建的战斗性。当时的资产阶级思想家都宣扬"为我也，利己也，私也"不是恶德，不应该受到谴责。他们为了宣扬这种资产阶级道德观念，要千方百计地去论证利己主义的必然性、合理性和积极意义。事实上，这是他们为自己的行为做辩护，是为了论证资本主义私有制的合理性，是为了冲破封建统治的剥削与压迫。

但是这种人性论也有不足，它着重从感性欲望来解释和说明人性，是一种抽象的自然人性论。如果人们都被自己的欲望支配，任意地、不顾一切地追求自己想要的东西，那整个世界都将陷入混乱之中，人是社会的人，必须对自己的欲望有一个理性的认识，要受到自己内心的约束，还要有规则意识。如果没有理性的控制和规则的约束，全靠感性来行动，那么人将与牲畜无异。作为一种道德观念、社会意识，利己是私有制的产物。把利己说成是人的本性，在理论上显然是错误的，反映了剥削阶级的偏见。

---

① 张锡勤：《中国近代思想史》，黑龙江人民出版社 1988 年版，第 222—225 页。

2. 对人的社会性的认识

早在先秦时期，荀子就指出人不能脱离某种社会组织而生活，人"力不若牛，走不若马，而牛马为用，何也？曰：'人能群，彼不能群也……一则多力，多力则强，强则胜物'"（《荀子·王制》）。人就是因为有组织，才可以胜过其他的物种。到了近代更是如此，近代资产阶级思想家反复地强调人是社会的人，人生活于社会，就必然与他人产生这样或那样的联系，人不可能脱离群体而独立存在。这种对人的社会性的体悟，要求人们重视整体利益、尊重他人利益，不可损公肥私、损人利己。虽然中国古代所说的"公"，即整体利益，具有一定的虚幻性，指的是君主、封建统治阶级的利益，并不是指广大民众的根本利益，但是它强调了一点，那就是个人与群体的利益是不可分离的。在近代内忧外患的历史背景下，个人和国家是紧密联系在一起的，一荣俱荣，一损俱损。为此，人们必须培养群体意识和利群观念。近代新学家极力肯定私，是希望人人都可以把自己的私心用到国家的层面上，激发人们的爱国情怀。近代新学家强调个人对国家有着不可推诿的责任与义务，这是为了唤起人们对中华民族命运的关心，唤起人们救亡图存的热情。

3. 近代社会需求

张锡勤通过对新学家提倡"私"的意图的分析，认为近代公私观是出于维护个人权益、发展资本主义经济，以及建立利己主义、个人本位主义的新道德等多方面的需要而提出来的。张锡勤据此指出，中国近代的种种新思潮总是同救亡图存、谋求民族振兴的主题紧密联系在一起。近代中国面临着封建统治和帝国主义的双重压迫。[①] 对于封建统治，人们必须提倡"贵我"意识，强调个人价值。然而，在帝国主义的压迫下，人们又必须呼吁爱国，强调群体的利益。只有实现了民族独立，才有资

[①] 张锡勤：《论传统公私观在近代的变革》，载《求是学刊》2005 年第 32 卷第 3 期。

格去讲个人利益。国家只有强大起来，才有能力保护个人的权益不受外来力量的侵害。同样的，每个人都是国家的一分子，是组成国家的最小单位，国家与个人是整体与部分的关系。只有每个人都联合起来为国家的独立和强大出一份力，才可以谋求中华民族的振兴。近代新学家希望通过对私的肯定来激发人们的爱国主义情怀，将中华民族从当时那种历史环境中解救出来。近代新学家都是力图按照新的时代精神来协调和处理公私关系、群己关系的，因此，近代公私观的提出有其历史必然性。

（三）近代公私观存在的问题

张锡勤认为，近代新学家提出的公私观存在不足之处，"他们处理公私关系的共同原则、出发点都是利己主义，这就决定了他们不可能对公私关系作最终合理解决"[①]。也就是说，虽然近代新学家所宣扬的公私观有其合理性和必然性，但是由于理论准备不足，他们对公私和公私关系都缺乏明晰、深入的理论说明。张锡勤针对近代新学家提出的处理公私关系的措施指出他们只是从利己的角度去解决公私的矛盾。张锡勤通过分析，总结出了近代大致有三种处理公私关系的主张。一是"两利"说。这种主张的提倡者认为彼此两利才是最公正、最圆满地处理公私关系的正确原则，也就是说，既对国家有利，又对个人有利。按照这种主张，个人的利益是不应该受到侵犯的，但是实际上这是很难实现的。二是"绌身伸群"说。这种主张的提倡者认为，在群体利益与个人私利发生冲突时，应当牺牲个人的私利去维护群体利益。但是这种主张的提倡者认为，个体暂时维护群体利益是为了维护自身长远的利益，是为了更好地"收利己之效"。维护群体利益不过是一种获得私利的手段。三是"以私成公"说。这种主张的提倡者强调群体利益和个体利益并不是分离、对立的，而是相互渗透、相互融合的，这个观点显然是正确的，但是这种

---

① 张锡勤：《论传统公私观在近代的变革》，载《求是学刊》2005 年第 32 卷第 3 期。

公私同一说是要融公于私。梁启超在谈到群己关系的时候就宣称,利己与爱他从表面上看是对立的,而实质上是"一而非二""异名同源"的。但是二者的统一不是统一于爱他,而是统一于利己。可以看出,虽然近代思想家在处理与协调公私关系这一问题上存在不同的意见,但是他们具有一个共同的特点,那就是始终以利己为出发点和最终归宿。由此可见,虽然中国近代新学家一心想要正确、恰当地处理公私关系,但是由于他们站在维护资本主义私有制的立场上,以利己为出发点来认识和处理问题,他们无法正确地处理个人利益与群体利益之间的矛盾。因此,要正确地处理公私之间的矛盾,就必须摆正立场,要有正确的出发点和落脚点。

除了自身理论存在问题,近代公私观在实施过程中也存在很大的难度。张锡勤指出,由于长期以来封建君主视国家为一姓之私产,视人民为一己之奴隶,广大人民也以奴隶自待,形成严重的奴隶主义,对国家民族的兴亡漠不关心。民众在长期的封建专制统治下形成了安分、柔顺、依赖、卑怯的顺民性格和安于奴隶地位的奴才意识。在近代内忧外患的社会背景下,民众与国家的命运是被紧紧地绑在一起的,不仅要强调利己,确认个体价值,还要激发民众的爱国情怀,强调权利与义务的统一。人们在行使个人权利的同时也要履行自己的义务,为国家分忧解难,为处于危难之中的国家献上自己的力量。近代新学家希望通过肯定"私",使人人私其国、爱其国、视一国之事如一己之事、真心爱自己的国家。这样的想法无疑是进步的,可是在当时的历史环境中要达到这样的目的却是十分艰难的。中国古代封建统治阶级为了稳固自己的政权,绝对不会允许民众参与到国家政事当中,这导致民众没有主人公意识,他们的积极主动性一直被打压着。他们长期以来已经习惯了机械地听从命令,按照统治者的要求去办事,却突然被告知要把国家当成自己的家,为拯救国家奉献自己的力量。这种转变是突然的,民众根本不可能做到。因此,近代资产阶级思想家提倡的公私观要在全社会的范围内推行,具有相当大的难度。

（四） 张锡勤的态度

张锡勤对待近代公私观的态度是实事求是的、辩证的，他既肯定了其中的合理成分，又指出了其不足之处。

张锡勤认为，近代公私观是对古代传统公私观的批判继承，在当时的历史背景下具有重要意义。近代公私观是传统公私观的一个转型，但是并不是全盘否定传统公私观，而是进行了合理的继承。"尚公抑私无疑是中国传统道德、传统公私观的基本精神，但有人依据上述命题、口号，认为中国传统的公私观全然否定、排斥个人利益则欠准确。所谓个人利益，乃是指个人生存和发展的各种需要，是指那些应该属于自己的东西。"① "这说明，在中国上古，人们虽将公置于私之上、之先，但又认为应该属于己的利益是正当的。"② 张锡勤指出，中国古代的公私观是"崇公抑私"，但是他们所要灭的这个"私"与近代新学家所大力提倡的"私"并不是一个私，二者并不冲突。中国古代所谴责的私，是指为了获取个人利益而违法、违礼、背义、不循"天理"，侵犯君主、国家的利益和他人的利益，破坏公平公正的行为。而近代新学家所提倡的私则是指正当的个人利益，以及为实现这种利益而做出的种种努力。事实上，古代的思想家所要去掉的"私"确实是指不正当的利益，这是从理论上来讲的。但是在实践的过程中，所有的思想都是为了封建统治阶级的利益服务的，由于历史的局限和阶级的局限，统治者要达到利益最大化，当这些设想落实到具体层面的时候，民众的个人利益受到了损害和压制。这就改变了"崇公抑私"的原意，改变了古代思想家提出这种想法的初衷。尤其是到了宋明时期，理学家提倡"存天理，灭人欲"，不加区分地灭掉民众的一切利益（包括正当利益），以维护封建统治者、封建国家的根本利益。但是物极必反，这样高强度的压迫引起了近代新学家的

---

① 张锡勤：《中国传统道德举要》，黑龙江大学出版社 2009 年版，第 51 页。
② 张锡勤：《中国传统道德举要》，黑龙江大学出版社 2009 年版，第 51 页。

不满，他们要为民众争取正当利益。因此，他们采取充分肯定"私"的方式来揭露传统公私观的虚伪性，表达对封建统治阶级的不满和反抗。近代公私观所反对的"公"是指具有虚伪性的"公"，古代传统公私观中的"公"只是代表了少数统治阶级的利益，并不是真正意义上的"公"。黄宗羲说君主都是"以我之大私为天下之大公"。梁启超对传统公私观中的"公"和近代公私观中的"公"进行了区分，传统公私观中的"公"指的是朝廷和君王，而近代公私观中的"公"指的是国家和人民。他们公开肯定"私"的正当性和合理性。但是，他们在提倡"私"的过程中并未提倡人们置公利于不顾，而是试图正确地处理公私、群己、人我关系，实现彼此调和，他们的某些言论至今仍然具有积极意义。张锡勤在《论传统公私观在近代的变革》中指出，一种观念的变革势必要与当时的历史背景和时代需要结合起来。在近代，由于民族生存竞争激烈，要使中华民族在世界上立足，就必须实现传统公私观的近代转型，必须充分肯定"私"，激发个体活力，以实现民族振兴。张锡勤也指出了近代新学理论存在的不足。近代新学家都是站在利己主义的立场上去处理公私关系的，由于理论准备不足，他们缺少更明晰、更深入的理论说明。在倡导利己主义、个人主义时，近代新学家的某些观点确实属于偏说。我们应该辩证地看待近代公私观，并对其进行创造性转化，使其实现创新性发展。

（五）研究传统公私观近代转型的意义

反思中国传统公私观，尤其是传统公私观的近代转型，对于我们在新的社会环境中处理好个人利益与公共利益的关系具有重要的启发意义。

我们在前面提到，本质意义上的传统公私观中的"私"是指个人的正当利益，只是由于历史的局限和阶级的局限，"私"才发生了变化，没能保持本来的面貌。在现当代要正确地处理国家利益与个体利益的关系，保证个人正当利益不受到损害，就需要在监管方面加大力度，使每一个环节都变得透明，这样才可以还原"私"的本来面貌。近代新型公私观不是凭空形成的，而是由当时的新学家根据时代精神提出来的，当时的新学家希望可以解决公私关系问题，从而唤起民众的爱国情怀，将中华民族从当时的民族危机中解救出来。时代精神是一个时代的人们在文明创建活动中体现出来的精神风貌和优良品格，是激励一个民族奋发图强的强大精神动力。我们应当注意到时代精神已经发生了变化，相应地，当代公私观自然要与以改革创新为核心的时代精神相吻合。

对传统公私观中的价值进行挖掘，有利于传播中国优秀传统文化，弘扬社会主义核心价值观。正确处理国家利益与个体利益的方法是人人都以国家的利益为自己的利益，做到爱自己的国家，做到家国一体。而国家也应当是所有人共同的国家，要保证人民当家做主的主人公地位。如果人人都能够爱国、敬业、诚信、友善，社会能够自由、平等、公正，那么国家自然能够富强、民主、文明、和谐。从以"崇公抑私"为核心的中国传统公私观到以"公私并举""先公后私"为核心的近代公私观的转变体现了时代的进步，虽然近代公私观存在着一定的局限性，但是其处理"公""私"的态度和方法对于当代处理公共利益与个体利益的关系具有重要的借鉴意义。个体利益与公共利益是统一的，二者是部分与整体的关系，公共利益是由个体利益组合在一起而形成的。正如霍布斯的社会契约论所指出的，所有的个体将自己的权利转交给国家，国家才有了公共权利，如果没有个体权利，那就无所谓公共权利了。在当代，要构建社会主义核心价值观，使社会能够和谐稳定发展，就必须强调个体合理之"私"的正当性，鼓励人们去追求自己的利益，鼓励人们发挥个体的积极性、主动性和创造性，从而推动社会向前发展。这也是符合社会主义市场经济的发展要求的，可以为人们形成正确对待集体利益和个体利益的态度提供经济基础。

二、中国传统义利范畴及观念的近代转型①

义利范畴及观念是中国传统伦理道德的重大问题之一，以儒家的先义后利、以义制利为核心内容。中国近代是义利范畴及观念的转型时期，也是义利观发展的关键时期。张锡勤把传统义利观在近代的转型概括为四个阶段，即鸦片战争前、洋务运动时期、戊戌维新时期和辛亥革命时期。鸦片战争前，魏源等对传统义利观进行了修正，提倡求利的合理性。鸦片战争后，传统义利观遭到更猛烈的冲击，近代思想家大力提倡求乐免苦与合理利己主义，认为人类的行为、追求都是以为我、利己为核心的，离开利己便无法说明人类生活的一切。

但他们并没有鼓吹极端的利己主义，而是希望人们从自身长远的、根本的利益出发，把个人利益与社会群体利益结合起来。近代思想家反对"分义利为二涂"，提出了"两利为真利"，这是一种合理的、开明的利己主义。张锡勤认为，传统义利观在近代的转型符合历史前进的要求，顺应了社会发展的趋势。近代思想家在中国道德转变中所展现出来的爱国情怀具有进步意义，对社会产生了广泛的影响。张锡勤关于传统义利观在近代转型的论述，有助于我们把握义利观的发展历程，有助于我们总结其中的经验、教训，也有助于我们构建符合时代精神的正确义利观。

张锡勤在多部著作中谈到了中国传统义利观的内容，以及中国传统义利观在近代的转型过程，并进行了历史分析和辩证分析。

（一）对传统义利观的解释

要理解传统义利观在近代的转型，首先要理解传统义利观的基本概念和内容，张锡勤对此进行了专门论述。

---

① 本部分由王男执笔，柴文华修改。

张锡勤分析了传统义利观的现代意义。他说："虽然，随着古代社会的瓦解，它的具体内容与要求多已过时，但它所蕴含的基本伦理原理，不仅在现代而且在将来都有其价值。"① 因此，人们对传统义利观应该给予足够的重视。

张锡勤对传统义利观进行了阐释。他指出，义利之辨贯穿中国思想史发展的各个阶段，占有重要地位。但在不同的历史语境中，人们对义与利及其关系的认知也有所不同。一般来讲，所谓义是指道义，即恰当的行为准则，它具有广狭之分。广义的义泛指一切道德，如《商君书·画策》指出："所谓义者，为人臣忠，为人子孝，少长有礼，男女有别。"《管子·五辅》指出："义有七体。七体者何？曰：孝悌慈惠，以养亲戚；恭敬忠信，以事君上；中正比宜，以行礼节；整齐撙诎，以辟刑僇；纤啬省用，以备饥馑；敦懞纯固，以备祸乱；和协辑睦，以备寇戎。凡此七者，义之体也。"这里所说的义，实际上是道德的同义语。狭义的义是指作为"五常"之一的义，与仁、礼、智、信并列。对于多数儒者而言，仁与义相比，更是全德之称，所谓"大大的仁"是也。所谓利，泛指利益，而与义相对的利通常指个人利益。广义的利指个人利益、国家利益、民族利益，狭义的利仅指个人利益。义利关系是指道义和利益的关系，在通常意义上是指道义和个人利益之间的关系。张锡勤认为："义利观所探讨的乃是道义与利益，特别是与个人利益的关系。此外，它还包括了对公利与私利、精神生活与物质生活等方面关系的认识。"② 朱熹曾说："事无大小，皆有义利"，所以"学无浅深，并要辨义利"（《朱子语类》卷十三）。③ 儒家的义利观是中国传统义利观的代表，其要点有四个：其一，用道义来衡量一切利益并决定取舍，若符合道义，则可以取，若不符合道义，则不可以取，对于人的基本需求也是如此，只有在义的范围内才能获取，这也符合社会整体的利益；其二，在处理各种事情时，应

---

① 张锡勤：《中国传统道德举要》，黑龙江大学出版社 2009 年版，第 396 页。
② 张锡勤：《中国传统道德举要》，黑龙江大学出版社 2009 年版，第 21 页。
③ 张锡勤：《中国传统道德举要》，黑龙江大学出版社 2009 年版，第 23 页。

先考虑是否符合道义，有为或有所不为，不应只考虑自身的利害，凡合于义，即使于己有害无利，亦为之；其三，个人利益要服从群体利益，就公与私而言，群体利益是义，个人利益是利；其四，明义利之辨，不仅对个人有益，对治理国家也有益。长期以来，人们都认为儒家排斥、否定人们去追求利，这不符合儒家的本意和宗旨。张锡勤指出，儒家既肯定利，又不主张以不正当的手段获取利益，儒家不是一味地将利益与道义对立起来，其争论和探讨的不是应不应该追求利的问题，而是采取什么方法实现利的问题。

（二）近代义利观转型的过程和内容

以儒家为正统的传统义利观在近代遭到质疑和批判，开始了转型的历程，其内容也发生了相应的变化。

张锡勤指出，传统义利观曾经产生过积极的影响，但也出现了负面效应，例如强调道义在社会中的关键作用，有忽视物质利益的倾向。"这种以为功利会随道义流行而自然实现的认识，表现在治国之道上则是董仲舒的'正其谊不谋其利，明其道不计其功'，以及朱熹的治国当'以仁义为先，而不以功利为急'。"① 张锡勤认为，这种轻功利的道德决定论在中国历史上产生了明显的消极影响。魏源从根本上来说是封建纲常的拥护者，但也对传统的道德观念做了一些修正，其中就包括对传统义利观的修正。魏源认为，自古以来，圣人们从来没有笼统地、不加区分地一概排斥利。他冲破传统意义上的义利观，倡导"圣人"应"以美利利天下之庶人"，公然认可人们求利的合理性，产生了积极影响。不过，他并没有离开仁义、离开封建道德的是非来谈利，认为"仁义之外无功利"（《默觚上·学篇八》）。

第二次鸦片战争后，传统义利观遭到更猛烈的冲击，新学家越来越重视对重农轻商的封建传统经济观的批判，大力提倡以工商立国、发展

---

① 张锡勤：《论传统义利观在近代的变革》，载《中国哲学史》2005 年第 2 期。

商品经济、获取超额利润。经济与经济理念的转变必然会促使人们加快转变道德观念。

第一，大力提倡求乐免苦与合理利己主义。中国近代的一些新学家得出了自私、利己是人的本性的结论。他们一再宣称，不论是哪一个国家、哪一个民族的人，都是利己的。同时，他们又从哲理上来证明利己主义的合理性和积极意义。"中国传统伦理文化中的利己主义虽然存在着逻辑的一体性，但就其理论指向而言反差甚巨。"① "明清之际的自私自利论折射出早期启蒙的内蕴，其理论趋向主要表现为对封建大一统的否定。"② 到了近代，一些人宣称，人类的行为、追求都是以为我、利己为核心的，离开利己便无法说明人类生活的一切。中国近代多数新学家提倡的义利观的核心是利己主义，他们都曾大力提倡利己主义，为自私、利己大唱赞歌。但是，利己作为一种道德观念、社会意识，是私有制的产物，把它说成是人的本性显然是错误的，这反映了剥削阶级的偏见。值得注意的是，近代许多思想家虽然在道德革命过程中提倡利己主义，但是并没有鼓吹极端的利己主义，没有鼓励人们不择手段、不计后果、肆无忌惮、为所欲为地追逐个人利益。他们希望人们从自身长远的、根本的利益出发，把个人利益与社会群体利益结合起来。他们要求人们"自利利他""开明自营""利己而不偏私"，提倡一种"知有爱他的利己"。这反映了他们试图处理好个人利益与社会群体利益的关系，以及建立和谐完美的社会新秩序的良好愿望。这种宣传对于振奋民族精神、激发爱国热情、树立新的精神风貌、推动民主革命进程，曾起到了积极的作用。③ 西方求乐免苦的人性论经严复的介绍、康有为的发挥，很快就得到了新学家的普遍认同，迅速在社会上产生了广泛的影响。他们都意识

---

① 柴文华：《论中国传统伦理文化中的利己主义思想》，载《求是学刊》1992年第 6 期。

② 柴文华：《论中国传统伦理文化中的利己主义思想》，载《求是学刊》1992年第 6 期。

③ 田成义：《中国近代合理利己主义研究》，黑龙江大学博士学位论文，2012年。

到求乐免苦是人类的天性，人类的全部都由这种自然人性主导着。在求乐免苦的基础上，他们又进一步对人追求物质利益的道德本性，以及人们向往幸福和追求快乐的权利与自由给予了充分肯定，肯定了个人价值、尊严与人们求利的正当性。这颠覆了传统的义利观，彻底否定了传统思想对人欲的禁锢，①为近代个人的解放与商品经济的发展奠定了理论基础。

第二，反对"分义利为二涂"的义利观，主张实现两利。严复对义利关系做了较为系统的理论说明。他受英国功利主义的影响，认为人的本能就是"背苦趋乐"。他认为，虽然自私是人的本性，但是人们也不可以过度地利己，不可以以牺牲他人利益和集体利益的方式来谋求利益。牺牲任何人的利益都是无益的，唯有两全两利才是最合乎道义的。因此，他提出了"两利为真利"，也就是说，要想实现两利，重点在于处理好义与利的关系。他反对重义轻利、轻视功利，反对"分义利为二涂"的义利观。他认为，这种义利观在理论上是浅薄的。但是，他又强调人们必须在"正谊"的前提下获取私利，因为只有这样，才能处理好义和利的关系。人们能懂得"非明道无以计功""非正谊无以谋利"的道理，正确处理义和利的关系，以正当的方法求得功利。他认为，不背道义而得功利便是"开明自营"，人人皆开明自营，便能两利。②张锡勤认为，严复所提倡的"开明自营"的主张与近代西方一些思想家所提倡的"开明利己主义""合理利己主义"是一样的。这种利己主义与纯粹利己主义、极端利己主义在外化形式上有所不同，它也讲个人利益与社会利益、群体利益的结合与协调，并主张对个人利益有所约束，具有合理因素和积极意义。但是，这种开明的、合理的利己主义终归是以利己为基础和本源的，它只是开明、合理而已，其本质依然是利己。

第三，直接宣扬利己主义"新道德"。20世纪初，更多的思想家认同社会变革的重要性，带动了更多的人质疑传统义利观。某杂志刊登了关

① 张锡勤：《论传统义利观在近代的变革》，载《中国哲学史》2005年第2期。
② 田成义：《中国近代合理利己主义研究》，黑龙江大学2012年。

于批判传统义利观的文章，指出"视功利如蛇蝎之不可手触"的义利观不但是"生心害政"的不利之言，而且还是"流毒于社会者数千年"的害人之言，给近代中国造成了极其深远的消极影响。这反映了20世纪初更多的思想家强调功利的重要性，直接宣扬以自利、自私、为己为中心的"新道德"。

（三）对义利观近代转型的分析

张锡勤在阐释了传统义利观的近代转型之后，对这种转型进行了分析，指出了其意义和不足。

在近代中国，大多数思想家都肯定了利是人们生活所必需的根本要素，所以更加肯定人们求私利的合理性。这些思想家还着重指出，近代中国经济发展十分落后，在整个世界范围内适者生存、优胜劣汰的环境中难以自保，要想振兴国家、救亡图存，就需要倡导功利。然而，他们又不主张在道义之外寻求利，而是提倡以道义作为衡量标准，在道义允许的情况下合理追求正当利益。他们大多倡导义利并存的义利观。对于儒家"见利思义""先义而后利"等类似话语，大家都会给予支持。而批评的部分是指后期儒者耻言利、不言利、"正其谊不谋其利"这类主张，并不包含儒家义利观的所有学说。固然普遍所知的义指的是社会道德准则，在历史层面上具有明显的时代性。例如，魏源倡导的义依旧是在传统道义下以"三纲五常"为中心的，但严复等人所提倡的道义就是资产阶级所倡导的道义，内涵发生了一些转变。这种转变具有合理性和普遍意义。"正因为近代的进步思想家大都提倡这种义利观，重利而不废义、轻义，因此，在处理人我、公私、群己关系时，他们一方面提倡利己，一方面又坚决反对那种只知一味利己的极端利己主义，而是拥护'开明自营''知有爱他之利己'的'合理利己'主义。这就保证了中国近代的'道德革命'能向比较积极健康的方向发展。"[1]

---

[1] 张锡勤：《论传统义利观在近代的变革》，载《中国哲学史》2005年第2期。

经过近代思想家对传统义利观的不断怀疑、革新，传统义利观的偏颇所造成的影响明显减小了。但是，由于中国经历了漫长的封建时期，封建道德影响至深，根深蒂固。毫无疑问，传统义利观在近代的转型所要面临的道路是曲折的。但是，近代中国的社会变革尚未全面展开，资本主义经济的发展尚处于萌芽之中，而近代中国的资产阶级刚一登上历史舞台就要立刻投入社会斗争中，理论准备严重不足。并且，中国近代的新学家对西方伦理学说的研究不够深入，对义利关系的复杂性的探索与解释也不够深入。然而，到了 20 世纪初，新学家开始宣扬、倡导合理利己主义，于是，更多的人将义利关系与道德伦理问题联系起来，而不是把义利关系当作独立问题进行研究，这一做法也对深入探讨义利关系产生了影响。此外，由于知识分子忽视了人民群众，他们积极主张的思想道德革命也没能深入到广大人民群众中去，未能产生共鸣。值得注意的是，中国资产阶级尽管已经发动了如辛亥革命那样的全国规模的政治斗争，推翻了封建帝制，但是并未使封建制度的根基受到根本触动，也没能推翻半殖民地半封建制度。这就决定了他们中的思想家所倡导的义利观转型等道德革命不能彻底完成。"概言之，在中国近代，传统义利观的偏颇虽屡受质疑、批判，但批判者们并未能建构起一种理论完备且为多数社会成员所认同的新的义利观。正因为如此，在中国近代，义利观的变革虽已展开，但并未圆满解决。"①

综上所述，张锡勤对传统义利观在近代的转型进行了阐释，这具有重要的学术价值和现实意义。张锡勤在中国近代社会变革的大背景下，深入研究了魏源、陈炽、严复等提倡的义利观的转变过程。张锡勤以义利关系为中心，阐明了由传统的重义轻利转变为近代义利统一的过程。在中国的封建社会里，儒家思想长期占据着文化的主导位置，儒家倡导的先义后利的观念是传统义利观的主流。即便到了近代中国，先义后利的观念在人们心中依旧是主流。顽固派继续弹"正其谊不谋其利，明其道不计其功"的老调。但是随着西方经济思想、道德伦理思想的不断影

---

① 张锡勤：《论传统义利观在近代的变革》，载《中国哲学史》2005 年第 2 期。

响和我国工商业的逐步发展，以及我国民族资产阶级的逐渐成长，重义轻利的观念越来越成为阻碍社会发展的因素，近代新学家从传统的重义轻利的观念中走出来，反对把义置于利前，倡导在义的前提下追求利。近代义利观的发展方向是从先义后利到义利统一，洋务派、早期维新派、维新派和革命派都是朝着这个方向发展的，多数人主张义利结合，在义的前提下去追求利。洋务派虽然主张重利、求利、义利并重，但只是为了提高生产水平、复兴经济、抵御外侮而已。在转变传统义利观进而唤醒民众而达到救国目的方面，维新派与革命派表现得更加突出，这就使得近代义利观具有明显的历史特征和民族特征，蕴含着丰富的爱国精神。张锡勤对中国传统义利观近代转型的分析是实事求是的，是恰如其分的，对于我们正确把握义利观在中国近代的发展历程、构建当代义利观具有重要的借鉴意义。

第四章　龙江的中国伦理思想通史研究

　　谈到中国伦理思想史，最早可以追溯到蔡元培于 1910 年出版的《中国伦理学史》（商务印书馆），这是中国第一部伦理思想史著作，尽管篇幅不大，但是涵盖的人物、思想不可谓不丰富。《中国伦理学史》从唐虞三代一直写到清初的戴震、黄宗羲、余理初。20 世纪 80 年代之后，中国伦理思想史的研究进入一个繁荣阶段。1985 年，陈瑛、温克勤、唐凯麟、徐少锦、刘启林合作出版了 66 万字的《中国伦理思想史》（贵州人民出版社），对从先秦时期到五四时期的中国伦理思想做了解读和阐释。该书后记中写道："说高兴，是因为自蔡元培先生辛亥革命前写的那本《中国伦理学史》问世以后，一直没有一本中国人写的系统的中国伦理思想史，现在总算有了，尽管它很浅陋。"① 1989 年，华东师范大学出版社出版了朱贻庭主编的《中国传统伦理思想史》，该书从西周写到明末清初的戴震。华东师范大学出版社于 2003 年出版了《中国传统伦理思想史（增订本）》，《中国传统伦理思想史（增订本）》增加了第八章"中国传统伦理思想的近代变革"和结语"关于中国传统伦理的现代价值研究——一种方法论的思考"等。张锡勤等主编的《中国伦理思想通史　先秦—现代（1949）》于 1992 年由黑龙江教育出版社出版，该书是第一部从中国伦理思想的诞生写到现代的中国伦理思想通史类著作。比较厚重的中国伦理

---

　　① 　陈瑛、温克勤、唐凯麟等：《中国伦理思想史》，贵州人民出版社 1985 年版，第 969 页。

思想通史类著作还有沈善洪、王凤贤的《中国伦理思想史》（上中下三册，人民出版社 2005 年版），该书从中国伦理思想的诞生写到五四新文化运动。2008 年，中国人民大学出版社出版了罗国杰主编的《中国伦理思想史》（上下卷），这是一部从殷商时期写到现当代的中国伦理思想通史类著作。龙江的中国伦理思想通史类代表作是《中国伦理思想通史　先秦—现代（1949）》和《中国伦理思想史》。

第一节　《中国伦理
思想通史　先秦—现代（1949）》

《中国伦理思想通史　先秦—现代（1949）》由张锡勤、孙实明、饶良伦主编，杨忠文、王凯、柴文华参与撰稿，于 1992 年由黑龙江教育出版社出版，分上、下两册。与之前出版的同类著作相比，《中国伦理思想通史　先秦—现代（1949）》具有自身的特色。

一、时间跨度大

可以说，《中国伦理思想通史　先秦—现代（1949）》是第一部从中国伦理思想的诞生写到现代的中国伦理思想通史类著作。1985 年，陈瑛、温克勤、唐凯麟、徐少锦、刘启林合作出版的《中国伦理思想史》从先秦时期写到五四时期，现代部分未涉猎。1989 年，朱贻庭主编的《中国传统伦理思想史》从西周写到明末清初的戴震，未涉及中国近现代伦理思想史。

《中国伦理思想通史　先秦—现代（1949）》从中国伦理思想的源头谈起，指出"幅员辽阔的中华大地是人类的重要起源地之一。早在远古时代，中华民族多根系的祖先就同时繁衍生息在这里，他们在摆脱野蛮状态的过程中，创造了丰富多彩的远古文化。随着中华文明的降生，伦理思想也开始脱胎，在奴隶制的繁荣时期揭开了新的一页"①。《中国伦理思想通史 先秦—现代（1949）》认为，在理论思维尚不成熟、文字符号尚未出现的原始社会，伦理学是不可能产生的，因此，原始人类"无亲戚兄弟夫妻男女之别，无上下长幼之道，无进退揖让之礼"（《吕氏春秋·恃君览》）。但这并不意味着原始人类没有道德观念。与特定的生存背景相联系，原始人类形成了公有、民主、平等、互助等习俗，但这些习俗均具有自发的性质。中华文明有五千年的历史，先秦典籍多把黄帝时代看作历史的转折点，如《商君书·画策》所说："故黄帝作为君臣上下之仪，父子兄弟之礼，夫妇妃匹之合。内行刀锯，外用甲兵，故时变也。"这表明中华文明包括伦理道德在黄帝时代就已产生，但今天尚无法证实。《论语》中曾多次提到"夏礼"，这表明在孔子的时代，人们对"夏礼"还是有所了解的。在商周时代，人们明确提出了一些道德规范和伦理思想。我们可以确知的是：孝在商代就已产生，不孝被视为大罪；提出了父慈、子孝、兄友、弟恭的道德规范；对"不孝不友"的行为采用法律手段来制裁。除此之外，商周时代的思想家还提出了谦虚、正直、节俭、刚柔相济、团结、幸福、温和等言行规范。可以说，"商周时代的思想家已经对道德的功能和一些行为规范作了理论探讨，标志着我国伦理学说的产生，并对中国传统伦理思想的发展产生了广远的影响"②。

《中国伦理思想通史 先秦—现代（1949）》分别阐释了先秦时期、秦汉时期、魏晋南北朝时期、隋唐时期、宋至明中叶、明后期至鸦片战争前、近代、现代的伦理思想，最后阐述了毛泽东的伦理思想。

---

① 张锡勤、孙实明、饶良伦主编：《中国伦理思想通史 先秦—现代（1949）》（上册），黑龙江教育出版社1992年版，第1页。

② 张锡勤、孙实明、饶良伦主编：《中国伦理思想通史 先秦—现代（1949）》（上册），黑龙江教育出版社1992年版，第10页。

二、注重对中国伦理思想的社会文化背景进行分析

《中国伦理思想通史　先秦—现代（1949）》以马克思主义为指导，本着实事求是和具体问题具体分析的原则，科学地总结从先秦时期到现代的中国伦理思想发展的全过程，探索中国伦理思想的发展规律和特点。《中国伦理思想通史　先秦—现代（1949）》力求正确反映历史上各家伦理学说的本来面貌，揭示其一系列概念、范畴、原则、规范的真实意蕴，并在把握其精神实质的基础上，客观地评价其历史意义和普遍意义。同时，《中国伦理思想通史　先秦—现代（1949）》注意阐明各伦理思想体系的内在逻辑联系，阐明各思想家的伦理思想同其整个思想体系的逻辑联系、同历史背景的必然联系，阐明各个思想体系之间的对立统一关系和批判继承关系。《中国伦理思想通史　先秦—现代（1949）》力求站在时代的高度，把握现实的真正需求，进行正确的批判继承，做到取其精华、弃其糟粕，总结历史的经验教训，挖掘有启发性的资料。《中国伦理思想通史　先秦—现代（1949）》在尊重学界主流看法的基础上，努力提出自己的新见解，以期引起人们的进一步思考，收到抛砖引玉的效果。

《中国伦理思想通史　先秦—现代（1949）》从历史唯物论的基本精神出发，注重分析伦理思想产生的社会文化背景。

在论述先秦时期的伦理思想时，《中国伦理思想通史　先秦—现代（1949）》从春秋战国时期的社会概况入手，认为当时是社会转型时期，由诸侯割据向中央集权过渡，伦理思想呈现出百家争鸣的状态。

随着铁器的使用和牛耕的推广，垦荒能力不断提高，租佃的方式逐渐出现，如鲁国的"初税亩"、秦国的"初租禾"等，承认了私田的合法性，推进了土地制度的改革。当时各诸侯国为了争夺霸权，相继进行变法革新，通过变法，肯定土地私有制，奖励耕战，废除世卿世禄制，建立中央集权制。在社会转型、诸侯混战的大背景下，思想界出现了"百家争鸣"的局面，儒家、墨家、道家、法家、名家、兵家、杂家、阴阳

家、纵横家、小说家等同时或相继提出了自己的思想主张，思想界出现了学派林立、观点各异、自由争鸣的盛况。当时堪称中国思想文化史上的"轴心时代""黄金时代"。同时，各家各派也都提出了不同的伦理学说，这为中国伦理思想史的进一步发展奠定了坚实而深厚的基础。就伦理思想的发展线索而言，春秋战国时期先后出现了儒家重义的理想主义，道家的自然主义和虚无主义，墨家和《管子》中的义利并重的现实主义和功利主义，法家的非道德主义和狭隘功利主义等。人性论基础分别有性善论、性恶论、自然人性论、自利人性论等。

《中国伦理思想通史 先秦—现代（1949）》分别论述了秦代、西汉前期、西汉后期至东汉的社会状况、政治状况和思想状况，以此来说明当时伦理思想的产生和发展。

《中国伦理思想通史 先秦—现代（1949）》认为，秦始皇奉行法家学说，运用严刑酷法治理社会，虽然在国家、文字、货币、度量衡等的统一方面有历史功绩，但劳民伤财，实施暴政，焚书坑儒，不久便自食恶果。"秦王朝的功过成败都在于一味贯彻法家路线。其对法家路线漫画化的实施更加速了其灭亡。"① 西汉初年，统治者总结亡秦教训，实行"与民休息"政策，黄老之学随之盛行。汉武帝"阳儒阴法"，主张"罢黜百家，独尊儒术"，儒学随之兴盛。西汉后期，"统治者过着极度奢侈荒淫的生活，而广大农民却饥寒交迫，挣扎在死亡线上"②，农民起义不断发生，西汉政权土崩瓦解。东汉时期，前期有小治，后期有大乱。在小治时期，经济得到恢复，统治者兴修水利，改进冶炼技术，天文历法取得长足发展，这对当时思想文化的发展起到了推动作用。在大乱时期，各种矛盾不断激化，这些矛盾自然要在思想战线上显示出来。"纵观秦汉时期的思想状况，就各种思想、学术的社会地位而言，在秦朝，法家思

---

① 张锡勤、孙实明、饶良伦主编：《中国伦理思想通史 先秦—现代（1949）》（上册），黑龙江教育出版社1992年版，第214页。

② 张锡勤、孙实明、饶良伦主编：《中国伦理思想通史 先秦—现代（1949）》（上册），黑龙江教育出版社1992年版，第219页。

想占统治地位；在汉初，黄老思想风行一时；自汉武帝罢黜百家开始，儒家跃居独尊的地位。但就秦至西汉间学术思想自身的发展而言，既不同于先秦时期的百家争鸣，也不是法道儒轮番繁荣，实际上可以说几乎是儒家一枝独秀。"① 贾谊、董仲舒、扬雄、王充、王符等提出了一系列伦理思想，对中国伦理思想的发展做出了重要贡献。

在论述魏晋南北朝时期和隋唐时期的伦理思想时，《中国伦理思想通史　先秦—现代（1949）》分析了当时的社会背景，指出了当时伦理思想的多样化。

在曹操时期，曹操励精图治，采取了一系列发展经济、稳定内部的措施。他推行屯田制，把流离失所的农民重新固定在土地上；颁布租调制，固定了税额，使农民的负担有所减轻；抑制兼并，打击不法豪强；根据唯才是举的原则网罗人才，整顿吏治。这些措施促进了农业生产的恢复和发展。随着经济的发展，土地兼并又开始加剧，世家豪族日益发展。曹魏集团为了取得世家豪族的支持，对他们采取了纵容的态度。西晋建立后，世家豪族在经济、政治、文化方面取得一系列特权，形成了门阀士族这样一个特权阶层，结果出现了"上品无寒门，下品无势族"的局面。魏晋时期的门阀士族一开始就暴露出腐朽性，他们的生活相当荒淫奢侈。继起的东晋和南北朝的统治者也多是以暴易暴，当时可以说是治少乱多。与门阀士族的政治统治相适应，在思想界，玄学、佛教、道教相继流行。儒学虽然衰微，但是并未退出历史舞台，孝文帝笃好儒学，"于是斯文郁然"。颜之推著《颜氏家训》，虽然在儒家理论方面没有多大建树，"但却在礼义败坏、世风日下之际，发出了复兴儒学的先声"②。

隋文帝杨坚采取了一系列有利于发展经济的措施，实行寓农于兵的

---

① 张锡勤、孙实明、饶良伦主编：《中国伦理思想通史　先秦—现代（1949）》（上册），黑龙江教育出版社 1992 年版，第 225 页。

② 张锡勤、孙实明、饶良伦主编：《中国伦理思想通史　先秦—现代（1949）》（上册），黑龙江教育出版社 1992 年版，第 355 页。

府兵制，减轻赋税和徭役，设义仓以备荒年。这些措施使得人口逐年增加，使得生产逐步得到发展。隋炀帝杨广继位后，"奢华无道"，最终被农民起义的烈火埋葬。唐太宗李世民鉴于亡隋的教训，任贤选能，广开言路，勤政抚民，采取了一系列有利于发展生产、缓和矛盾的措施，继续实行均田制和府兵制，减轻赋税和徭役，慎择都督、刺史、县令，修订刑律。因此，经济迅速恢复，社会安定，天下太平。随着生产的发展，科学技术也得到进一步发展，天文学、数学、医学、手工技艺等方面均有重大发明。唐朝的经济在唐玄宗开元年间达到极盛，此后社会危机日益显露出来，唐王朝开始走下坡路。"安史之乱"后，中央集权大为削弱，"藩镇割据"的局面形成，"朋党之争"纷起，唐政权趋于瓦解。隋唐时期，在学术思想界，儒释道三教鼎立。禅宗的出现，完成了佛学中国化的任务，从而使佛学成为中国传统文化的有机组成部分。道教自汉代开始逐步发展，东晋葛洪的《抱朴子》建构了道教的理论体系，道教在唐初盛极一时，老子被尊奉为"太上玄元皇帝"。同时又有复兴儒学的呼声，隋代大儒王通作《中说》，力图弘扬周孔之道。韩愈、李翱等与佛教法统相抗衡，提出儒家的道统说，大力提倡复性之说，开宋明道学之先河。总体而言，魏晋时期玄学伦理观盛行，隋唐时期佛教伦理出现繁荣的景象，道教伦理也盛极一时，儒家伦理在此时只是展现出了初步复苏的迹象，这为宋代以后儒家伦理的发展做了必要的准备工作。

《中国伦理思想通史　先秦—现代（1949）》认为，宋至明中叶是中国封建社会完全成熟并逐步走向僵化的时期，而伦理思想进入完全定型和成熟的时期。

从政治上看，中央集权、皇权得到加强。在宋代，官制、军制、监察、刑律、科举考试等制度已经趋于完备。从经济上看，宋、元、明在开国之初都实行了一些恢复经济、发展生产、减轻赋税等政策，促进了经济的缓慢发展。在农业方面，耕地面积日益扩大，农田水利事业逐步发展，一些新的农作物品种得到引进，广大的南方地区得到进一步开发。在手工业方面，纺织、制瓷、造纸、造船、印刷等均有明显发展。在宋、元、明的全盛时期，社会经济呈现出繁荣的景象。生产力的提高为后来资本主义经济萌芽的出现创造了条件。在科技方面，印刷术、火药、指南针都是在宋代才普遍应用的。这些都对宋、元、明学术的发展产生了积极影响。宋明理学的产生"有其深刻的历史根源，是当时时代需要的产物和社会存在的反映"①。《中国伦理思想通史　先秦—现代（1949）》指出，宋明时代是中国传统伦理道德"完全定型""完全成熟"②的时代，原因在于"宋明的理学家们为儒家的伦理学说建立了本体论的基础，同时对于道德的本质、起源、作用，道德与刑法及其他上层建筑的关系等问题都作了更深入的探讨和阐释"③。具体来讲，他们对传统的道德规范进行了整理，对长期争论不休的人性问题做了更深入的探讨，对公私、义利等传统道德范畴做了进一步探讨和阐释，从不同的哲学观点出发，提出了更为系统、完备的道德修养方法和道德教育方法，对道德认知和道德践履的关系进行了解读。

明末清初是中国伦理思想发展史上的特殊时期，新生产方式萌芽的出现等，使得中国伦理思想出现了自我否定因素。

明末清初也被称为明清之际，是中国伦理思想内部开始出现自我否定因素的时期，这与当时的社会背景、文化背景有着密切的联系。从明中叶开始，东南沿海一带出现了新生产方式的萌芽，商品经济日趋发达。首先是丝绵纺织业的发展，出现了以"机户出资，机工出力""两者相资为生"的雇佣关系为基础的新型手工业工场。其次是制瓷、制盐、制茶、采矿、造船等手工业部门的发展。同一时期，皇帝昏庸、宦官专政、贪赃枉法等导致政治黑暗、社会动荡。社会风气随之发生变化，拜金趋利之风盛行，社会上亦有越礼逾制之风。总体而言，明末清初是一个"天崩地解""纲纪凌夷"的时代，随着新生产方式萌芽的出现，作为官方哲

---

① 张锡勤、孙实明、饶良伦主编：《中国伦理思想通史　先秦—现代（1949）》（上册），黑龙江教育出版社 1992 年版，第 477 页。

② 张锡勤、孙实明、饶良伦主编：《中国伦理思想通史　先秦—现代（1949）》（上册），黑龙江教育出版社 1992 年版，第 481 页。

③ 张锡勤、孙实明、饶良伦主编：《中国伦理思想通史　先秦—现代（1949）》（上册），黑龙江教育出版社 1992 年版，第 481 页。

学的理学日趋式微，早期启蒙思潮应运而生。"一时之间，名家辈出，群星璀璨，出现了一个堪与春秋战国相媲美的'百家争鸣'的局面。"① 伦理思想领域出现了一些新的变化：批判禁欲主义，肯定利欲的合理性；批判重义轻利，提倡功利主义；批判"三纲说"，提倡平等观；批判盲从奴性，提倡个性自由等。

近现代是中国社会的转型时期，伦理思想领域出现了道德革命，马克思主义伦理思想开始在中国传播和发展。

中国的近代社会是半封建半殖民地社会，但也出现了缓慢的转型，即由农业文明向工业文明转型。这种转型虽然是外压型的，但是有其内在的必然性。随着经济、政治等方面的转型，思想文化领域也出现了很多变化，这些变化表现在伦理道德领域，就是旧道德和新道德的冲突，其变化的深刻巨大，超过中国历史上任何一个时代。近代是中国伦理思想史上十分重要的时代。中国近代伦理道德领域经历了一个波澜起伏的变化过程，出现了影响深远的道德革命。道德革命在新文化运动时期达到了高潮，"反对旧道德，提倡新道德是新文化运动的两面大旗之一，因此，中国近代的道德革命到了新文化运动时期达到了高潮。经过陈独秀等人的呐喊提倡，道德革命在这一时期形成为一场广泛的思想运动，使人们的道德观念、价值标准、精神风尚发生了深刻变化"②。

与近代一样，新民主主义革命时期也是社会转型时期，不过这一时期出现了不同于近代的社会力量，尤其是中国共产党的诞生，改变了中国社会的发展方向。在这一时期，伦理道德领域也出现了一些新的思潮，发生了重大的变化。这一时期还出现了全盘西化派和儒学复兴运动。"'五四'运动后，我国的资产阶级和小资产阶级思想家逐渐形成鲜明对立的两大派别：从政治态度来说，一为自由主义派，一为保守主义派；

---

① 张锡勤、孙实明、饶良伦主编：《中国伦理思想通史 先秦—现代（1949）》（下册），黑龙江教育出版社 1992 年版，第 1 页。

② 张锡勤、孙实明、饶良伦主编：《中国伦理思想通史 先秦—现代（1949）》（下册），黑龙江教育出版社 1992 年版，第 147 页。

从学术渊源来说，一为'全盘西化'派，一为现代新儒家；从哲学思想来说，一为实证主义派，一为人本主义派；从伦理思想来说，一为自然主义派，一为道德主义派。前者的领袖是胡适，后者的宗师是梁漱溟。"①中国现代伦理思想的主流趋势是马克思主义伦理思想在中国的传播和发展及其中国化。马克思主义伦理思想在中国的发展主要经历了两个时期：第一个时期是 1919 至 1937 年，为传播时期；第二个时期是 1938 至 1949 年，为中国化时期。第一个时期的主要代表人物是李大钊、李达和鲁迅，其中李大钊是中国马克思主义伦理思想的奠基人。毛泽东和刘少奇是第二个时期最杰出的代表。他们的伟大贡献不仅仅在于正确地解决了"道德重建"的根本途径和路线等问题，更重要的是把无产阶级的优秀品质和中国传统美德结合起来，建立起一套适应现代需要的道德原则和规范体系。

三、研究对象有新的拓展

《中国伦理思想通史　先秦—现代（1949）》和之前的通史类著作一样，主要阐释各个时代比较有代表性的思想家的伦理思想，如先秦的孔子、墨子、老子、孟子、庄子、荀子、韩非子等，秦汉的贾谊、董仲舒、王充等，魏晋南北朝时期和隋唐时期的何晏、王弼、阮籍、嵇康、向秀、郭象、葛洪、韩愈、李翱、柳宗元、刘禹锡等，宋明的李觏、张载、二程、朱熹、陆九渊、王守仁、陈亮、叶适等，明末清初的李贽、刘宗周、陈确、黄宗羲、顾炎武、王夫之、颜元、戴震等，近代的龚自珍、魏源、曾国藩、康有为、严复、谭嗣同、梁启超、章太炎、孙中山等。这体现了《中国伦理思想通史　先秦—现代（1949）》对典型性的关注。同时，《中国伦理思想通史　先秦—现代（1949）》还延伸到现代，第一次对现

---

① 张锡勤、孙实明、饶良伦主编：《中国伦理思想通史　先秦—现代（1949）》（下册），黑龙江教育出版社 1992 年版，第 314 页。

代具有代表性的人物的伦理思想进行了梳理和阐释，涉及吴稚晖、胡适、梁漱溟、熊十力、冯友兰、李大钊、李达、鲁迅等。这体现了《中国伦理思想通史　先秦—现代（1949）》的开创性。除此之外，《中国伦理思想通史　先秦—现代（1949）》还涉及之前的伦理思想通史没有或很少关注的一些人物的伦理思想，如王符、王通、唐甄等。这体现了《中国伦理思想通史　先秦—现代（1949）》在研究对象方面的拓展。

王符是东汉政治思想家，著有《潜夫论》，主张德刑并用、任贤使能、富民为本，试图矫正时弊。在伦理思想方面，他兼采法道，认为人性乃趋利避害，以"太古之民"的"淳厚敦朴"为"德之上"，但主要是继承和发扬了儒家的伦理思想。他阐释了"四行"（仁、义、礼、信）和"四本"（恕、平、恭、守）的伦理规范，认为"四本"是"四行"的根本，恕为仁之本，平为义之本，恭为礼之本，守为信之本。在道德评价上，王符主张以一个人的"志行"为标准，反对以血统、贫富等为标准。王符的道德教化论以民性可化为理论前提，主张通过富民、善政等途径"化变民心"。总体而言，王符继承和发展了儒家的伦理思想，并有自己的见解，尤其是对"平"的阐释包含人格平等的思想元素。

《太平经》是道教早期经典之一，其思想渊源颇为庞杂，它既受到儒家、道家、墨家、法家、阴阳家的思想因素的影响，又受到汉代阴阳五行说、天人感应说和谶纬迷信的影响。《太平经》的伦理观与神学迷信紧密相连，其内容也比较丰富。《太平经》表达了尊重生命的伦理观，主张"重生""乐生"等。"乐生"不仅指给予万物生存的权利，尊重他人的生命，也指珍惜自己的生命，设法使自己长寿。那么，怎样才能"乐生"呢？《太平经》提出了"三急"的思想，即饮食、男女、衣服，认为饮食、男女是任何生命得以存在的基本前提。从"三急"出发，《太平经》痛斥了残害妇女的行为，认为应该"阴阳相成"，残害妇女不仅违背天法和"乐生"原则，也会遭到报应。《太平经》的基本理念是"天人一体"，天有意志，有喜、怒、哀、乐等情感，能够监视人的行为，能够赏善罚恶。对于统治者而言亦是如此，王者行道，则天喜悦，王者失道，则天降灾异。在善恶的判断标准上，《太平经》依然传承了儒家的思想，主张君明臣忠、父慈子孝等，同时还提出周穷救急、自食其力等观点。可以看出，《太平经》的伦理思想虽然具有神学色彩，但是也有现实情怀。例如，"三急"论"高度重视人类的感性生活，为人欲提供合理性论证，这与宗教的禁欲主义发生了直接冲突，表明《太平经》虽被后代道教徒奉为经典，但它本身并不是纯粹的宗教教义，而是包含着超越宗教的思想内容。《太平经》对人欲的重视又不同于后来《列子·杨朱篇》的纵欲主义，它虽重欲并不主张纵欲，其主旨是为了伸张生命的基本权利"①。

以前我们研究中国思想史，一般认为魏晋南北朝、隋唐时期是儒释道三家相互斗争并逐步开始融合的时期，儒学的复兴以唐代的韩愈、李翱、柳宗元、刘禹锡为代表。事实上，早在隋代，就有人提倡儒学复兴，主要代表人物是王通。王通门人仿照《论语》的体例编撰了《中说》（亦称《文中子》），《中说》记载了王通的言行。王通生活在儒学处于衰势的时代，他一生都在试图通过自己的努力，振兴"周孔之道"。他认为，"周孔之道"是"神之所为"，与"太极合德"，与"神道并行"（《中说·王道》），具有崇高的地位。王通以为，在孔子之后，儒家的"周孔之道"有待他来发扬光大。在伦理思想方面，王通主要是继承和宣扬了儒家的学说。他十分强调仁义的作用，认为仁义是其他道德规范的核心。他探讨了仁与治、仁与礼、仁与智、仁与利的关系，同时也阐释了孝、忠、恕等范畴，尤其是他对穷理、尽性、正心、人心、道心的论述，"从思想逻辑的角度，开了宋明道学之先河，对后世产生了很大影响。这也使得他作为隋代的大儒而被一些宋明道学家列入儒家的传道系统"②。

东林党是明代的一个政治集团，同时又是一个学术流派，主要代表

---

① 张锡勤、孙实明、饶良伦主编：《中国伦理思想通史　先秦—现代（1949）》（上册），黑龙江教育出版社1992年版，第340页。

② 张锡勤、孙实明、饶良伦主编：《中国伦理思想通史　先秦—现代（1949）》（上册），黑龙江教育出版社1992年版，第427—428页。

人物有顾宪成、高攀龙、钱一本等。东林学派主张"发明人心道心，纲常伦理，出则致君泽民，斥邪扶正，以刚介节烈为重，以礼义廉耻为贵"（《东林列传·高攀龙传》）。他们的学术活动从属于政治活动，他们的伦理思想主要是政治伦理思想。东林学派秉持程朱派的"性即理"说，反对王阳明的"四句教"，即"无善无恶是心之体，有善有恶是意之动，知善知恶是良知，为善去恶是格物"（《传习录》下卷），更反对王畿的"四无"说（即认为心、意、知、物皆无善无恶），受到当时不少思想家和士大夫的肯定。东林学派提倡"体用一原"论，强调本体（人性）与功夫（道德教育和道德修养）的一致性，实际上反对"空谈性命"，提倡"经世致用"。这对早期启蒙思潮的兴起起到了开拓作用。东林学派提倡君子之治。东林学派认为君子必须具备如下品质：是非鲜明，爱憎分明；关心国事，以天下为己任；重义轻利，不谋个人私利；注重操守节义等。这些显然都是对儒家伦理思想的发扬，颇有可取之处。

唐甄是清初思想家，其学术思想自成体系。《潜书》是他一生心血的结晶。他反对道学家存理灭欲的说教，提出"唯情"论，充分肯定人欲的合理性与正当性。其理欲观在早期启蒙思想家中可谓独具一格，更具近代色彩，他与西方启蒙思想家有很多共同之处。唐甄提出功利主义学说，认为"为利"是人类一切活动的最终目的。他强调衣食足而知廉耻，认为物质生活是精神生活的基础。他立足实践，提倡实功，重视才干的培养，重视事业的成功，"充满积极进取精神"①。唐甄伦理思想中最精彩的部分是他的平等观，以及对"三纲"说的批判。唐甄把天子还原为人，剥去了其神圣的外衣，尖锐地提出了"帝王者皆贼"的论断。他认为，人都有血肉之躯，都有七情六欲，生来就是平等的。可以说，唐甄的平等观"在早期启蒙思想家中是最全面、最系统的。它是我国古代伦理思

---

① 张锡勤、孙实明、饶良伦主编：《中国伦理思想通史 先秦—现代（1949）》（下册），黑龙江教育出版社1992年版，第112页。

想园地中的一株奇葩"①。

如上所述,《中国伦理思想通史 先秦—现代(1949)》时间跨度大,是第一部从古代写到现代的中国伦理思想通史类著作。《中国伦理思想通史 先秦—现代(1949)》注重对伦理思想的社会文化背景进行分析,在研究对象上有新的开拓。然而,由于创作年代相对久远,《中国伦理思想通史 先秦—现代(1949)》有时在价值评判上未能完全做到客观、公正。

第二节 《中国伦理思想史》

《中国伦理思想史》是 2009 年教育部哲学社会科学研究重大课题攻关项目(马克思主义理论研究和建设工程重点教材编写专项)的结项成果,2015 年由高等教育出版社出版。张锡勤和杨明、张怀承为该课题组首席专家,主要成员有柴文华、肖群忠、吕锡琛、邓名瑛、徐嘉、傅小凡、唐文明、关健英、张继军。《中国伦理思想史》是较早立项的专业教材,不论是各类标题,还是逻辑结构和文字表述,都比较规范、稳妥。《中国伦理思想史》提出了对中国伦理思想发展历程和中国伦理思想特点的看法,总体上采用的是一种典型化或精练化的叙述方式。

一、中国伦理思想的发展历程

《中国伦理思想史》从中国伦理思想的萌芽写到近代孙中山,把中国伦理思想的发展历程概括为六个阶段。

---

① 张锡勤、孙实明、饶良伦主编:《中国伦理思想通史 先秦—现代(1949)》(下册),黑龙江教育出版社 1992 年版,第 117 页。

　　一是形成阶段，指先秦时期。春秋战国在吸收西周伦理思想的基础上，建立起基本的伦理思想的理论框架，伦理思想"成为规范社会生活的一种引人瞩目的力量"①。面对社会转型的动荡，先秦思想家力图重建社会秩序，在"百家争鸣"中，儒家、墨家、道家、法家等学派提出了同中有异、异中有同的伦理思想。"各派争鸣的问题已广泛涉及道德的基本原则、重要规范、社会功能等诸多问题……无不凸显对道德的反思，从而在这个时代刮起一阵强烈的道德'旋风'。这阵'旋风'勾勒出中国古代伦理思想的基本框架，使伦理学成为先秦时期的'显学'。"② 可以说，先秦伦理思想是中国伦理思想的"源头活水"，为中国伦理思想的进一步发展奠定了坚实而广泛的理论基础。

　　二是初步发展阶段，指秦汉时期。在这一阶段，汉武帝接受了董仲舒"罢黜百家，独尊儒术"的建议，儒家伦理逐步兴盛，董仲舒还提出了"三纲五常"的伦理规范体系。《白虎通》的出现，标志着儒家伦理实现了官方化、定型化、神学化。这些都标志着中国伦理思想得到了初步发展。

　　三是变异纷争阶段，指魏晋南北朝至隋唐时期。在这一阶段，玄学伦理思想兴起，佛教和道教逐渐兴盛，这使得伦理思想在这一阶段变得纷繁复杂。在这一阶段，中国伦理思想发展的总态势是："一方面儒家伦理仍力图维持正统地位，另一方面又呈现出儒家伦理在纷争中求生存、在融合中求发展的曲折进程。佛教、道教一方面形成了对儒家伦理的冲击，另一方面也给中国伦理思想带来了新的思想营养，进而为宋明理学伦理思想的问世作了理论上的铺垫。"③

　　四是成熟阶段，指宋至明中叶。在这一阶段，中国伦理学说出现了

---

① 《中国伦理思想史》编写组：《中国伦理思想史》，高等教育出版社 2015 年版，第 3 页。

② 《中国伦理思想史》编写组：《中国伦理思想史》，高等教育出版社 2015 年版，第 4 页。

③ 《中国伦理思想史》编写组：《中国伦理思想史》，高等教育出版社 2015 年版，第 5 页。

一种新的理论形态，即宋明理学，也被称作新儒学。宋明理学主要有程朱、陆王两派。他们在伦理思想方面吸取了道家、道教、佛教的思想资源，建构了融本体论、认识论、道德论等为一体的庞大思想体系，把纲常上升为天理，使儒家伦理重新获得了至尊地位。虽然宋明理学有派别之分，但是他们的共同主张是"存天理，灭人欲"。

五是早期启蒙阶段，指明末清初或明清之际。这是一个"天崩地解"的时代，出现了以"崇实致用"为特征的早期启蒙思潮，以李贽、黄宗羲、王夫之、唐甄、颜元、戴震等为代表的一批思想家对以理学为代表的中国传统伦理思想进行了检讨和评判，"开创了中国伦理思想的新局面"①，表现出鲜明的时代精神，从而预示着中国古代的伦理学已开始向新的方向发展。

六是转型时期，指近代。随着中国近代社会的转型，伦理思想也开始转型，转型的标志就是"道德革命"。维新派和革命派的思想家们先后对以"三纲"为核心的旧道德，以及儒家的公私观、义利观、理欲观展开了尖锐的批判，同时大力宣传西方的幸福论、功利主义、"合理利己"主义、个人本位主义等伦理学说。这场"道德革命"在五四时期达到高潮，自此以后，"儒家在社会道德生活中正统的核心地位丧失，中国伦理思想由古代步入了近代"②。

《中国伦理思想史》对中国伦理思想发展历程的划分在总体上是符合历史实际的，但也有一些问题需要进一步思考。第一，把先秦规定为中国伦理思想发展的形成时期和中国伦理思想的理论源头都是正确的，但对先秦伦理思想的评价有待进一步提升。总体而言，先秦是中国文化发展的"轴心时代"，也是中国伦理思想发展的"轴心时代"，后来有些阶段所取得的伦理思想方面的成绩未必都能超过先秦，因此，先秦是中国

---

① 《中国伦理思想史》编写组：《中国伦理思想史》，高等教育出版社 2015 年版，第 6 页。

② 《中国伦理思想史》编写组：《中国伦理思想史》，高等教育出版社 2015 年版，第 6 页。

伦理思想发展史上的"黄金时代",对于它的崇高地位,我们应当进一步加深认识。第二,把秦汉时期规定为中国伦理思想的初步发展阶段是有待商榷的,正如《中国伦理思想史》所说:"董仲舒神学伦理学理论体系的诞生和《白虎通》的颁行,使中国传统道德第一次获得了一个完整的体系,成为支配古代中国社会生活的重要力量。"① 事实上,中国伦理思想的核心内容"三纲五常"在汉代已经明确提出,《白虎通》更是赋予了与此相关的道德规范法典化的地位,这表明中国伦理思想在两汉时期已经成熟,将秦汉时期规定为"初步发展阶段",不如规定为"成熟阶段""法典化阶段""定型阶段""体系化阶段"更合适。第三,鉴于以上两点,我们可以把魏晋南北朝看作中国伦理思想的多元化发展时期,把宋明看作中国伦理思想的"巅峰"时期,把明清之际看作中国伦理思想初步的自我否定时期。

二、中国伦理思想的特点

《中国伦理思想史》将中国伦理思想的特点概括为:儒家伦理思想居于主导地位;强调伦理道德在社会生活中的作用,形成了重德的传统;强调整体主义;重视修养实践,追求理想人格。

(一)儒家伦理思想居于主导地位

从中国传统哲学的发展历程来看,对于儒家哲学是主干还是道家哲学是主干,这是有争议的。但从整个中国传统思想文化的发展历程来看,儒学是中心这一点是没有大的问题的,因此,在中国伦理思想发展过程中"儒家伦理思想居于主导地位"这个判断是客观的。当然,回顾整个

---

① 《中国伦理思想史》编写组:《中国伦理思想史》,高等教育出版社 2015 年版,第 4 页。

中国传统思想文化的发展历程，儒学并非始终处于中心地位，因为先秦儒学与其他学派一样，都处在一个平起平坐的自由平台上，其主张还往往被斥为"迂阔"而不被诸侯国国君采纳。汉武帝接受了董仲舒"罢黜百家，独尊儒术"的文化政策之后，儒学一度成为思想史的中心，但好景不长，接下来的魏晋南北朝则是儒释道三家分庭抗礼而又逐渐融合的漫长时期。只是到了宋明时期，儒学才真正成为思想史的中心。《中国伦理思想史》显然关注到了这样一个问题，因此它对"儒家伦理思想居于主导地位"的主要理由做了说明："虽然，这中间儒家伦理曾先后受到佛、道的冲击，但它在社会生活中的主导地位并未动摇。"① 这表明《中国伦理思想史》是从"社会生活"这个角度来说明儒家伦理思想居于主导地位的。这个理由是比较充分的。

（二）强调伦理道德在社会生活中的作用，形成了重德的传统

在中国哲学史的研究领域，流行的看法是把中国哲学界定为伦理型的，这与中国传统思想文化注重道德密切相关。《中国伦理思想史》认为，中国伦理思想的特点之一是强调伦理道德在社会生活中的作用，形成了重德的传统。这是正确的。《中国伦理思想史》充分肯定了重德传统的长处，认为经过长期的道德实践，重德传统形成了一套中华民族的传统美德，给后人留下了不少宝贵的历史遗产。但是《中国伦理思想史》也指出了重德传统的另一面："但不少人对道德的作用作了不适当的夸大，这也滋生了道德决定论的倾向。"② 这种两点论的价值评判显然是比较全面的。

---

① 《中国伦理思想史》编写组：《中国伦理思想史》，高等教育出版社 2015 年版，第 7 页。
② 《中国伦理思想史》编写组：《中国伦理思想史》，高等教育出版社 2015 年版，第 7 页。

（三）强调整体主义

在中国传统伦理思想领域，存在长期的"公私之辨"，多数思想家强调先公后私、公而忘私。《中国伦理思想史》认为，整体主义理念是中国古代宗法社会结构的必然产物，它强调个人必须服从家族、国家、民族。其积极影响在于，在它的影响下，中华民族形成了以国家民族利益为重、顾全大局、克己奉公、乐于奉献的优良道德传统。其消极影响在于，"古代的整体主义理念从根本上讲是为上下、尊卑、亲疏的宗法等级制度服务的，具有扼制个体正当利益的实现和个性自由发展的消极作用"①。古代的整体主义理念与集体主义的价值理念在精神内涵上有共通之处，但由于古代的整体主义理念形成于以宗法为基础的君主专制社会中，具有鲜明的不平等特色，还往往具有欺骗性、虚伪性，因为那时的"公"代表的是以君主为核心的少数集团的利益。按照黄宗羲的看法，那是最大的私。我们今天所追求的是真正能代表大多数人利益的真实的"公"，而这种"公"必须能最大限度地满足个体对自身正当利益的追求。

（四）重视修养实践，追求理想人格

在中国传统思想文化中，始终存在着理论联系实际的传统，知行学说重视行，强调知行合一。这种"知"主要是指道德认知，这种"行"主要是指道德实践，将二者统一起来是君子品性的表现。中国古代的各家各派均注重理想人格的塑造，儒家的"圣贤"是被多数人认可的，人们可以通过道德修养来实现这样的目标，为此，古代思想家提出了种种修养方法，如"立志""学习""寡欲""反求诸己""养浩然之气"等。这些都是值得我们借鉴的。因此，《中国伦理思想史》指出："由于中国

---

① 《中国伦理思想史》编写组：《中国伦理思想史》，高等教育出版社 2015 年版，第 8 页。

古代伦理学将重视修养实践、崇尚理想人格作为根本追求，从而使得它具有了实践的品格和旺盛的生命力。"①

对中国伦理思想特点进行概括是见仁见智的，《中国伦理思想史》的概括从大体上来说是符合中国伦理思想的本来面貌的，但是因为它主要是依据儒家伦理思想提炼出来这些特点的，所以很难完全覆盖墨家伦理精神、道家伦理精神、法家伦理精神、佛教伦理精神，以及异端思想家的伦理思想。这是一个有难度的工作，需要我们继续思考和研究。

三、典型化书写

《中国伦理思想史》是教材性质的著作，选用的是典型化的书写方式，即选择在中国伦理思想史中最具典型性的人物和思想进行叙述，如对于先秦时期，选择了孔子、老子、墨子、孟子、庄子、《管子》、荀子、韩非子；对于秦汉时期，选择了《礼记》、《大学》、《中庸》、《孝经》、《白虎通》、董仲舒、王充；对于魏晋南北朝至隋唐时期，选择了玄学、道教、佛教、韩愈、李翱；对于宋至明中叶，选择了张载、二程、朱熹、陆九渊、陈亮、叶适、王守仁；对于明中叶至清中叶，选择了李贽、黄宗羲、唐甄、王夫之、颜元、戴震；对于近代，选择了严复、康有为、谭嗣同、梁启超、章太炎、孙中山等。这种书写方式具有精练化的特色。另外，《中国伦理思想史》不是真正意义上的中国伦理思想通史，因为明显地缺少对新民主主义革命阶段的中国现代伦理思想的论述。此外，由于《中国伦理思想史》是教材性质的著作，四平八稳是其特色之一，与其他通史类著作相比，其创新性可能偏弱一些。

---

① 《中国伦理思想史》编写组：《中国伦理思想史》，高等教育出版社 2015 年版，第 9 页。

第五章　龙江的中国道德变迁史研究

长期以来，中国伦理思想史研究偏重于思想理论类研究，将思想理论和道德生活结合在一起的专著较少。近年来，这一缺憾得到了弥补，以唐凯麟为核心的湖南师范大学伦理学团队推出了厚重的《中华民族道德生活史》，在这一领域做出了重大贡献。与之相比，龙江的中国道德生活史研究起步更早，也有一些重要成果，既有通史类的《中国伦理道德变迁史稿》，又有断代类的成果。

第一节　《中国伦理道德变迁史稿》

《中国伦理道德变迁史稿》是教育部人文社会科学研究项目结项成果，由张锡勤和柴文华主编，主要撰稿人还有樊志辉、魏义霞、关健英、张继军、王秋，分上、下卷，于 2008 年由人民出版社出版。《中国伦理道德变迁史稿》具有自身的特点，得到了学界的好评。

一、理论拥抱生活

《中国伦理道德变迁史稿》出版后，时任中国伦理学会会长，后任名誉会长的陈瑛撰文，给予了高度评价，文章题目是《当理论拥抱生活之时——读〈中国伦理道德变迁史〉有感》①。文章指出，"理论是灰色的，而生活之树常青"，这是黑格尔的名言，但人们经常引用，"因为理论一旦脱离生活，就会变得枯涩、坚硬，她似乎孤高冷傲地站在那里，冷冰冰地俯视着生活，而对人们没有任何益处。然而，当理论一旦回归生活、拥抱生活时，她就会立即变得温暖而亲切，其力量和作用也迅速彰显出来。这是我在读《中国伦理道德变迁史》②一书时的强烈感受"③。"百余年来的中国伦理学史研究，特别是改革开放以来，创获颇丰，成绩瞩目，但是人们总觉得有一种遗憾和不足，那就是在此前的著述中往往只重理论，重视对于历史上思想家的论述，却很少看到生活，看到当时人们生活中的所思所行。张锡勤、柴文华主编的这本书一改旧面目，让我们耳目一新。"④

二、时间跨度大

《中国伦理道德变迁史稿》从中国伦理道德的萌芽一直写到"八荣八耻"社会主义荣辱观的提出，可以称作真正意义上的中国伦理道德变迁通史，展现了中国伦理道德变迁的全貌。全书分为八章：第一章是先秦，探讨了先秦时期的社会与道德，西周之前道德生活的萌芽，西周时期道德观念的产生，春秋时期道德生活的发展，战国时期道德生活的新变化；

---

① 《中国伦理道德变迁史》有误，应为《中国伦理道德变迁史稿》。

② 《中国伦理道德变迁史》有误，应为《中国伦理道德变迁史稿》。

③ 陈瑛：《当理论拥抱生活之时——读〈中国伦理道德变迁史〉有感》，载《道德与文明》2009年第2期。（《中国伦理道德变迁史》有误，应为《中国伦理道德变迁史稿》）

④ 陈瑛：《当理论拥抱生活之时——读〈中国伦理道德变迁史〉有感》，载《道德与文明》2009年第2期。（《中国伦理道德变迁史》有误，应为《中国伦理道德变迁史稿》）

第二章是秦汉，探讨了秦汉的社会与伦理道德建设，德法并用、并重格局的形成，三纲、五常、六纪体系的提出和初步确立，忠、孝、贞节等基本道德规范的全面加强，汉代的社会道德状况；第三章是魏晋隋唐，探讨了魏晋隋唐时期的社会变迁与伦理道德变迁，魏晋隋唐时期的父子伦理关系与"孝"，魏晋隋唐时期的君臣伦理关系与"忠"，魏晋隋唐时期夫妇伦理关系与两性道德的变迁，魏晋隋唐时期的社会伦理道德风尚；第四章是宋至明中叶，探讨了宋至明中叶的社会与道德建设，封建纲常进一步神圣化、规范化及其社会影响，教化的全面加强与普及、德法并举成为基本国策，理欲、义利和公私观中的重理、崇义、尚公倾向，君、父、夫权进一步强化，社会道德状况；第五章是明清之际，探讨了明清之际社会与伦理道德的新变化，三纲受到初步挑战，道德观念的新变化，社会道德生活；第六章是近代（1840—1919 年），探讨了近代的社会变革与伦理道德变革，鸦片战争前后的吏治、士习与民风，太平天国的道德状况，近代的道德革命，传统道德观念的变革，近代社会习俗的变革，清末民初社会道德的明显变化及总体状况；第七章是现代（1919—1949年），探讨了中国现代伦理道德变迁的总体情况、主要伦理思潮，北洋军阀时期的道德冲突，"新生活运动"，日本占领区的道德状况，红色政权区域的道德变化；第八章是当代（1949 年至今），探讨了当代中国的社会变革和道德建设，社会主义、共产主义道德在中国的普及，新时期社会伦理道德的新发展，中国共产党人对社会主义道德建设的高度关注。这是第一部中国伦理道德变迁通史类著作，展现了中国伦理道德变迁的历史画卷，为中国伦理道德的研究做出了重要贡献，为龙江的中国伦理道德研究增光添彩。

三、中国伦理道德发展阶段论

《中国伦理道德变迁史稿》的导言是由张锡勤撰写的，他提出了成熟的中国伦理道德发展八阶段论。第一，先秦是中国伦理道德的萌芽、奠基时期。第二，两汉是中国传统伦理道德体系基本确立、成形的时期。第三，魏晋至隋唐五代是中国伦理道德整合、嬗变的时期。第四，宋明是中国传统伦理道德体系进一步完备、纲常礼教的权威完全确立的时期。第五，明清之际是三纲和某些传统观念受到初步挑战的时期。第六，近代（1840—1919 年）是中国伦理道德的转型期。第七，现代（1919—1949 年）就其主流而言无疑是马克思主义伦理学说、共产主义道德开始在中国传播、流行的时期，同时又是中国历史上罕见的伦理道德多元化的时期。第八，当代（1949 年至今）乃是社会主义道德在中国建立的时期。八阶段论充分展示出整个中国伦理道德变迁的动态轨迹，气势恢宏而又细致入微。

《中国伦理道德变迁史稿》出版后，除了陈瑛给予了高度评价以外，还有不少学者给予了中肯的评价，认为《中国伦理道德变迁史稿》"含蕴丰富，创意颇多，特别阐释了此前学界少为关注的一些道德变迁现象，开拓了中国伦理道德研究的新视野"，"把中国伦理道德变迁的全貌完整地展现在世人面前，无疑具有重要的理论价值"①。不夸张地说，《中国伦理道德变迁史稿》是中国第一部系统研究中国道德生活史的力作，又一次展示出龙江的中国伦理道德研究方面的创获。正像有的评论者所指出的那样，"编写一部中国伦理道德变迁史是一项较大的工程，集体合作无疑是一种较好的方式，但由于各人的视角、思路以及写作方式、行文习惯的差异，故而各章节之间仍存在一些不尽统一之处。当然，既是多人分别撰写，稍有差异也是情理中事"②。

---

① 杨辉：《简评〈中国伦理道德变迁史稿〉》，《光明日报》2009 年 3 月 26 日。
② 杨辉：《简评〈中国伦理道德变迁史稿〉》，《光明日报》2009 年 3 月 26 日。

第二节　先秦道德变迁史[①]

先秦道德变迁史方面的代表作是张继军撰著的《先秦道德生活研究》，2011 年由人民出版社出版。

一、总体特征

就总体特征而言，《先秦道德生活研究》力图避免把道德生活及其观念的变迁转换成对伦理思想史的简单重复，着力凸显道德变迁的世俗化、生活化和普遍化等特征。《先秦道德生活研究》以文献为基础，对这一时期的道德变迁进行整体、系统的描述和分析，揭示其产生、发展和变迁的内在机制和社会背景，重点突出其自身的系统性、关联性和逻辑性。《先秦道德生活研究》以这一时期道德观念的演变为脉络进行书写，其侧重点并不在于对道德观念本身进行内涵性分析，而在于对其在生活中的具体运行演变的过程进行分析。《先秦道德生活研究》对"道德生活""伦理思想"进行了区分，结合生产力发展与社会结构的变化，从宏观的角度梳理道德观念的产生及其内涵的转变，并且对"先秦历史的研究""社会学与民俗学的相关研究""伦理学和宗教学方面的研究""文化史和思想史方面的研究""外国学者的相关理论探讨""近代学者对甲骨卜辞、青铜器铭文及出土文献的整理与考释所形成的相关成果""先秦道德生活领域的专题研究"等进行了总结和提炼，为进一步研究奠定了逻辑基础。

---

① 　本节由于跃执笔，柴文华修改。

二、伦理道德溯源

《先秦道德生活研究》从西周写到战国，对殷商时期的相关思想背景亦有所涉及，原始资料丰富，史实的引用翔实。《先秦道德生活研究》描绘生动，注重文字的考据，兼顾具体观念发生、发展的过程性分析，并对一系列道德观念的产生进行了历史发生意义上的梳理与排序，为人们把握中国道德生活和伦理思想的源头提供了重要借鉴。

《先秦道德生活研究》以大量的古典文献为基础，借助人类学、社会学、考古学等方面的理论成果，从原始禁忌的产生、原始禁忌的内容、原始"性"禁忌、中国早期的婚姻禁忌、原始禁忌与道德的关系、殷商时期的帝神崇拜与祖先崇拜、早期社会的"尊老""尚齿"观念等角度对西周之前道德生活的萌芽进行尽可能贴近生活的描述与还原，从而对中国伦理道德进行寻根溯源。由于有些古代文献的研究尚无定论，作者颇为谨慎细致，凡遇到有争议的观点，都会尽量列举正反两方的观点。

其中，通过对"尊老""尚齿"观念与"孝"的分析，展现了道德观念的教化从上层向下层移动，从历史的角度阐释了"尊老""尚齿"与儒家思想的内在逻辑关系。"按照《孟子·梁惠王上》'老吾老以及人之老，幼吾幼以及人之幼'的传统论述，'及人之老'自然应以'老吾老'为逻辑前提，其基本思路就是将家族性、个体性的孝悌观念推及于社会，便形成了社会性的尊老习俗。"① 而就道德观念的产生历程而言，孟子的逻辑显然需要以形成、确定的家庭观念作为前提，而"在社会还处于原始状态、私有制还没有正式形成、以稳定的宗族为基本单位的社会结构还没有真正确立的时候"②，"我们只能使用'人与人之间的关系'，而不

---

① 张继军：《先秦道德生活研究》，人民出版社 2011 年版，第 60 页。
② 张继军：《先秦道德生活研究》，人民出版社 2011 年版，第 60 页。

102

是严格意义上的'人与人之间的伦理关系'来形容当时的社会"①，尊老观念已经可以在氏族内部对人类聚落的维持发挥必要的作用。

商代无至上神，神灵多元。也有一说认为"帝"（殷人的祖灵）为至上神。但因为殷人有"宾于帝廷"的说法，所以有两种可能，一种是殷人的祖神死后"宾于帝廷"，另一种是殷人始祖为帝而后续祖先为宾。虽然祖神的地位一般低于自然神与帝神，但是由于功能性的需要，殷人祭拜的主要对象却是祖神。因为祖神与自己多了一层关系，更有可能帮助自己实现愿望，这样一来祖神拥有越来越高的地位，成为祭拜的重点。这种转变使得人们对祖神越来越依赖，使得人们衍生出了对祖神的新的情感，而这种对先辈的情感逐渐扩展开来，从逝者流向生者，这就是孝的观念。

三、伦理道德的产生

根据可靠的文献资料，中国传统伦理道德观念在周代已经产生。《先秦道德生活研究》探讨了西周时期"善""恶""德"的字形、字义的发展变化及其道德含义的产生。《先秦道德生活研究》认为"德"的观念的最终确立，为善恶观念这一更具普遍意义的评判标准的确立做了铺垫。"'善''恶'两字在道德层面的价值评判意义上的使用，在西周初年还是很少见的。"② 但当人们逐渐意识到善恶观念对于社会秩序的建立和维持的有效性时，以善恶为标准筛选出来的积极行为与品格就会被不断地积累、保存下来，并最终由情感、意识、观念上升为"德"的规范。

首先，《先秦道德生活研究》从具体字形的产生和演化，以及其内涵的产生与变化等方面展开论述。根据最新的考古发现成果与历代积累的考证成果，《先秦道德生活研究》将道德观念产生、发展的过程置于具体

---

① 张继军：《先秦道德生活研究》，人民出版社 2011 年版，第 60 页。
② 张继军：《先秦道德生活研究》，人民出版社 2011 年版，第 72 页。

的历史生活之中，以整个先秦的历史作为舞台，各种道德观念就是舞台上演绎史诗的主角。忠孝的演化是这场剧目的主线。

其次，《先秦道德生活研究》从亲属称谓的变化发展入手，分析西周称谓制度和亲属结构的变化，考察亲属称谓由简入繁、逐步丰富的过程。《尔雅·释亲》和《仪礼·丧服》中所体现出来的亲属称谓至少有129种。亲属称谓的区分要求也从"仅限于父及其兄弟与祖及其兄弟两个层次"发展为"区分宗亲和姻亲""区分嫡庶""区分直系与旁系""区分长幼"。西周时期的人们对亲属称谓及其所反映的亲属关系的认知已经大大深化了。《先秦道德生活研究》展现了"礼"形成的重要"土壤"，阐释了"孝""友"等道德观念产生的过程。

最后，《先秦道德生活研究》将西周时期道德生活的主要特点归纳为以下三点：第一，社会性的道德要求、观念较多，个体性的道德要求、观念较少；第二，道德规范的内容相对模糊；第三，西周时期的人们已经在自身道德意识深化的基础上对道德德目进行了某种程度的分类、归纳和总结，但这些分类、归纳和总结带有很大的随意性和不规范性。

尽管如此，西周时期已经出现了"德""善""恶""孝""友"等道德观念，这标志着中国传统伦理道德的产生。

四、春秋时期伦理道德的发展

春秋时期礼崩乐坏，西周以来的宗法制度受到了极大的挑战，与此同时，农业、手工业和商业都得到了发展。经济结构、经济制度、社会阶层结构发生了变化。这为道德观念的形成提供了"较为充盈的思想资料和生活素材"①。《先秦道德生活研究》阐述了春秋时期政治局势、社会生活、宗法体系所展现出来的新内容，从道德观念的产生、字形字义的变化、道德观念对象的变化，以及道德观念的推广与普遍化等方面，

---

① 张继军：《先秦道德生活研究》，人民出版社 2011 年版，第 163 页。

展示了春秋时期主要道德观念的演变历程。

《先秦道德生活研究》将春秋时期道德生活的特点归纳为以下三点。第一，相对于西周时期而言，春秋时期的道德生活丰富了许多。这主要体现为道德德目数量增加，以及内容不断丰富与发生变化。第二，春秋时期的伦理关系和道德德目相对规范化。但人们主要关注的领域一般限于政治领域、宗族领域、家庭生活领域。人们对于一般社会性生活领域内的朋友关系有所认识，并提出了"信"的规范。人们对社会伦理关系的归纳展现出多样性的特点，人们对相关社会伦理内容的认识存在差异，没有形成社会性的普遍认知。第三，春秋时期的道德德目日益系统化，各种道德德目之间的内在关系逐渐被揭示出来。

五、战国时期伦理道德的丰富

战国时期，生产力得到进一步发展，井田制逐渐被授田制取代。在政治方面，郡县制获得了极大的发展。宗法制度濒临崩溃、解体。社会动荡不断加剧，道德观念对日常生活的影响力不断下降。而这种情况刺激了人们对伦理道德的思考。

《先秦道德生活研究》讨论了"忠孝"观念的新变化和其他道德观念的新变化，以及夷夏之辨、游侠的道德生活、隐士等问题。

战国时期，"孝"的对象发生了转变，"孝"的观念中增加了"顺"的要求。由于郡县制在战国时期初步确立，"忠"的观念开始走向单向化，特别是"忠君"的观念被大力提倡和推广。而宗法制的崩溃使得原本可以缓和的"忠""孝"对立的问题日益暴露出来。"忠君"与"孝亲"的对立成为"忠""孝"关系的主要问题。

夷夏之辨的问题是随着中原文化的崛起而产生的，人们从地理、民族、文化三个层面对夷夏进行区分。作为占据主导地位的中原各族、各国在处理"夷""夏"关系问题上主要采取四种方式：第一，武力征伐；第二，以德怀远；第三，结盟；第四，通婚。儒家则主张相对主义的夷夏观，克服了将夷狄看作"异类"的传统观念，把华夏与夷狄放到平等的地位上进行理性的审视，主张"用夏变夷"，"这种夷夏观对于战国后期，乃至秦汉时期的道德生活、思想、文化、政治等方面的'大一统'观念的形成产生了直接而重大的影响"①。

春秋时期，周王室衰微，诸侯并起，争霸天下，这种社会动乱大大加剧，社会生活的各个层面都发生了巨大的变化。社会上形成了两种别具特色的特殊群体，即"游侠"和"隐士"。从一般意义上来看，"游侠"尚"义"，其思想更接近于墨家，且《韩非子·五蠹》中有言，"儒以文乱法，侠以武犯禁"，其思想至少应该区别于儒家。"隐士"则被认为与道家有直接的关系。而《先秦道德生活研究》则提出"游侠""隐士"的基本精神与儒家精神有联系。首先，"游侠"的产生得益于春秋战国时期的尚武风尚与养士风尚。而"游侠"在"重义"的同时，还是古代"仁""信"等道德品格的守护者和践行者。"游侠的基本价值观念和核心道德品格的形成都与儒家的道德观念有着必然的联系。"② 其次，"隐士"产生的原因是政治压力，他们因对社会生活失望或基于"全德保身"的理念而归隐。这是一种被动的归隐。而道家所讲的"无为""重生"是一种不受现实影响的主动选择"隐"的处世之道。儒家的隐世思想与道家的出世思想具有本质性的区别。

《先秦道德生活研究》将战国时期道德生活的特点归纳为以下三点。第一，呈现出理性化进一步加强的倾向，这主要体现在人们对社会伦理关系的进一步选择和对道德德目更加细致的整理归纳上。第二，重视道德的教化功能，教化的方式呈现出多样化的态势。第三，道德生活体现出多元化趋势，"孟子的情感主义道德观念""荀子的理性主义道德观念""墨家的功利主义道德观念""道家的非道德主义倾向""法家的利己主义道德观念"等多种伦理思想并存，造就了战国时期丰富多彩的道德生活。总体而言，"在战国时期，人们对于社会伦理关系的归纳和对于道德

---

① 张继军：《先秦道德生活研究》，人民出版社 2011 年版，第 320 页。
② 张继军：《先秦道德生活研究》，人民出版社 2011 年版，第 326 页。

规范的抽象、整理都达到了一个新的水平，'三达德'、'四德'、'四维'、'五德'、'五行'、'六德'以及'五伦'的观念日益为人们的社会生活所认可和接受。在此基础上，到了战国末期，'三纲'的雏形初步形成。另外，关于道德教化和修身等方面的内容也已经确立了。至此，对中国传统世界影响至巨的道德生活的核心架构基本建立起来了"①。先秦时期产生的道德观念和修养方法充分体现了先秦时期道德生活的特殊性。先秦时期作为中国传统社会道德生活及精神世界的源头，对中国自古以来的文化特质、精神传统和社会生活等产生了重要的影响，成为中国伦理道德发展的"黄金时代"。

第三节　现代道德变迁史②

现代伦理道德变迁的研究主要体现在《中国现代道德伦理研究》中，该书是教育部人文社会科学项目结项成果，由柴文华、杨辉、康宇、李雪松编著，2011 年由社会科学文献出版社出版。该书从现代社会的历史背景出发，探讨了中国现代道德生活的变迁和主要的伦理思潮。

一、概况

《中国现代道德伦理研究》指出，从整个中国历史发展的过程来看，中国的现代社会与近代社会一样，都是由农业文明向工业文明转型的时代，经济、政治、文化呈现出错综复杂的状态。这一时期道德变迁的主要内容有近代道德的承续、奴化道德的推行、共产主义道德的传播等。

---

① 张继军：《先秦道德生活研究》，人民出版社 2011 年版，第 7 页。
② 本节由于跃执笔，柴文华修改。

这一时期的道德变迁表现出一定的地区差异性。在理论层面上，出现了自由主义西化派、"东方文化派"、"学衡派"、早期现代新儒家、"战国策派"和中国的马克思主义伦理思潮等。

二、道德生活的变化

可以说，《中国现代道德伦理研究》是较早系统地探讨中国现代道德生活变迁的著作，运用了历史、文学、风俗、地方志、政治等方面大量的资料，生动具体地展示出中国现代道德生活的变化。《中国现代道德伦理研究》通过对五四运动以来各时段、各区域伦理道德建设的核心内容、重要运动、效果、内在局限性的分析对比，完整地描绘出了中国现代社会（1919—1949 年）伦理道德的存在样态。《中国现代道德伦理研究》的上篇"中国现代道德变迁"对中国现代道德生活史进行了描述，以时间和地域作为依据，分为"北洋军阀时期的道德冲突""国民党统治区的道德状况""日本占领区的道德状况""红色政权区域的道德变化"四部分。《中国现代道德伦理研究》的上篇侧重于史实，涉及道德变迁诸多方面的内容：第一，对陋俗的革除；第二，破除迷信；第三，受西方的影响；第四，道德观念的变化；第五，爱国热情空前高涨；第六，奴化道德在部分地区的推行和共产主义道德的传播；第七，中国现代社会道德的地区差异性。

在北洋军阀时期，政治上表现为民主共和与复辟帝制的冲突，文化上表现为新文化运动所引领的新思想、新文化与旧思想、旧文化的冲突。在北洋军阀时期，中国多个领域的陋俗都开始逐步被革除，但中国并没有在全国范围内彻底完成新道德的塑造，这可以从妇女解放与传统女性伦理的冲突中看出来。不过，值得欣慰的是，"辛亥革命后，革除或改变旧的生活习俗成为不可逆转的人心导向"①。这一点同样适用于政治领域、

---

① 柴文华、杨辉、康宇等：《中国现代道德伦理研究》，社会科学文献出版社 2011 年版，第 33 页。

文化领域。

国民党统治区主要是提倡"经过他们改装的中国传统道德",如"三达德""八德""四维"等,尤为突出的是强调"忠孝",要求对"领袖"绝对服从。并且,国民党统治区开展了"新生活运动"。"新生活运动"的兴起一方面源于对民众习俗、道德现状的不满,另一方面则源于英美支持下建立的南京政府反共的需要。"新生活运动"对民俗和社会公德的改善流于表面化、形式化,但也取得了一定的成效。这主要体现在对婚俗、丧礼、寿礼、宴会、"送礼"的改革,使得民俗和社会公德在一定程度上出现了新的面貌。抗战时期,"新生活运动"的各级组织和领导人参与抗战活动,对抗战产生了积极且重要的影响。但"新生活运动"终究没有达到预期的目的。《中国现代道德伦理研究》将其局限性归纳为三点:第一,虚伪;第二,严重脱离现实;第三,离开社会制度的变革谈民众生活方式的变革势必沦为空谈。

在日本占领区,日本帝国主义推行"以华治华"的政策,对占领区进行"奴化教育"。这具体表现为,大力宣传日本民族的文化优越性,强制推行日语,删改教科书中的爱国主义教学内容,进行皇民化教育,宣传日本宗教,宣传武士道精神,歪曲中国传统的道德,并加以利用,使其为"奴化教育"服务。伪政府还仿照国民党的"新生活运动",开展所谓的"新国民运动"。其内容可以概括为"三大基准"和"六项要领",其本质是培养所谓的"顺民"。这种虚伪的、与基本道德相违背的"奴化"道德,绝不可能得到占领区广大中国民众的认同。

在红色政权区域,其道德变化的特点有五个:第一,以全心全意为人民服务为宗旨;第二,以集体主义为核心的新道德逐步建立;第三,对西方近代道德精神的发扬;第四,对中国传统道德精神进行批判继承;第五,道德与最广大、最基层的人民群众结合起来。红色政权区域的道德建设以集体主义为核心,体现了最广大人民群众的利益,破除了传统的陋习和旧道德。

《中国现代道德伦理研究》在对中国现代道德生活进行阐释的过程中,尽管收集了大量的资料,但是相对于中国现代社会的丰富内容而言,仍显得有些薄弱，需要进一步拓展收集领域，从而使对中国现代道德生活变迁的描述和阐释更加广泛和深入。

三、主要伦理思潮

《中国现代道德伦理研究》的下篇"中国现代伦理学派及其思想"对不同学派的伦理思潮进行了研究，侧重于理论。

《中国现代道德伦理研究》首先介绍了不同伦理学派及其思想产生的背景，以及伦理领域的三大派别及思潮，进而介绍了中国现代伦理学派的代表、各学派的主张、名称的来源和代表人物。

一是西化派的伦理思潮。《中国现代道德伦理研究》将西化派归结为反传统和主张走西方道路的学派。西化派可以分为三类，即"萌芽的西化派""温和的西化派""激进的西化派"。"萌芽的西化派"主要指洋务派。"温和的西化派"主要指中国近现代维新派和革命派。"激进的西化派"的伦理思潮主要指以彻底反传统和全盘西化为特征的无政府主义思潮、新文化运动思潮和陈序经的"全盘西化"说。以胡适和陈序经为代表的西化派，批判中国传统习俗、文化和道德，提倡西方个人主义价值理念。《中国现代道德伦理研究》分别介绍了胡适"健全的个人主义"理念和陈序经的个人主义理念，同时还介绍了"温和无政府主义"的代表人物吴稚晖的思想。吴稚晖提出了物欲横流的人生观，包括吃饭人生观、生小孩人生观、招呼朋友人生观，提倡在科学、民主、道德方面全面学习西方的文化观和道德观。

二是东方文化派的伦理思想。东方文化派以包容的态度对待西方文明，主张吸收西方文化的精髓，变革中华传统文化，实现现代化转型，尊崇儒学，拒斥西方文化种种弊端。代表人物有杜亚泉、钱智修、陈嘉异、梁启超、梁漱溟、张君劢、章士钊等。东方文化派大都出自"新学"，对东西伦理文化的异同与特征有着充分的了解。他们高举文化民族主义旗帜，反对盲目西化，要求尊崇本国伦理文化，并以之助益世界。他们提出以伦理文化救国，他们的思想带有概念归结简单化的倾向。东方文化派道德伦理的基本思路有两种，分别是道德调和论与道德形上学。其中，道德调和论无法化解西方自由民主的道德观与中国传统纲常伦理的矛盾。道德形上学则侧重于道德精神的永恒性与普遍性的论证，力图突出民族性，但却远离现实生活。为了弥补道德理论现实性的缺失，他们进一步提出现实生活中的伦理规范，内容涉及人与家庭成员的关系、人与社会政治的关系、人的社会公德等。《中国现代道德伦理研究》指出，东方文化派重视伦理建设中的民族性问题，他们援西入中，调和新旧，推崇内省式的道德认知，他们的伦理思想中遗留着"小农"意识。

三是学衡派的伦理思想。学衡派是以《学衡》杂志为平台的一个具有文化民族主义色彩的学术流派。代表人物有梅光迪、吴宓、刘伯明、胡先骕、柳诒徵等。《中国现代道德伦理研究》从人性善恶论、学术道德论、儒家道德论等方面对学衡派的伦理思想进行了介绍。人性善恶论包括吴宓的二元人性论和缪凤林可善可恶的人性论。学术道德论的主要内容是"求真之精神""独立之人格""严密之训练""审慎之态度""现实之关怀""人情之讲求"。学衡派探讨了儒家道德与当下的道德情况，以及孔子与当时的社会情况，认为孔子之道对社会的影响是非连续性的，专制产生的原因不能归咎于孔子的学说，中国近世积弊的深层原因恰恰是不奉行孔子之教。学衡派提升五伦理论和实践的价值，批判民族文化虚无主义，对新文化运动中的激进思潮进行批评，认为新文化运动中激进思潮的领军人物的思维方式是二元对立的，是民族文化虚无主义，新文化运动中的激进思想表现出一种无能的心态。学衡派挖掘了儒家伦理的价值，提倡儒家的天人论、德本论、德治论、德育论、群己论、义利论、节欲论、品德论、修养论。但他们也回避了儒家伦理的内在缺失和负面效应。

四是早期现代新儒家的伦理思想。早期现代新儒家是指第一代现代新儒家，"是通过弘扬中国传统文化特别是儒学精粹，融合西方近代文化精神，以创建中国新文化为目标的一个学术群落"①。代表人物有梁漱溟、张君劢、马一浮、熊十力、冯友兰、贺麟、钱穆等。《中国现代道德伦理研究》指出，现代新儒家的伦理思想在总体上是对儒家传统伦理的回归、提炼与转化。早期现代新儒家以儒家的道德人类学为价值根基，提升儒家传统道德的超越性价值和现代意义。《中国现代道德伦理研究》从道德人类学思想、道德学理念、中国传统道德观、西方价值观四个方面出发，考察和分析了早期现代新儒家代表人物的思想。

在道德人类学思想方面，《中国现代道德伦理研究》主要考察了梁漱溟、熊十力、马一浮、冯友兰的道德人类学思想。《中国现代道德伦理研究》通过比较现代新儒家的道德人类学思想与传统的道德人类学思想，指出现代新儒家的道德人类学思想受到时代的冲击与西方文化的影响，体现出了现代化的特征。"儒家道德人类学是现代哲学人类学进一步发展的重要理论资源之一，尤其是现代新儒家道德人类学思想中'自觉'论对构建人的本体论模型具有重要的启发意义。"②

在道德学理念方面，《中国现代道德伦理研究》考察了张君劢、马一浮、熊十力、贺麟、冯友兰、钱穆、梁漱溟的相关思想，阐释了梁漱溟、张君劢、马一浮等人的精神本体论思想，介绍了熊十力的"习性"思想，介绍了冯友兰、钱穆提出的经济、地理环境对道德的决定作用，从道德发展观的角度介绍了梁漱溟、冯友兰、贺麟对中国道德发展方向的思考。

在中国传统道德观方面，《中国现代道德伦理研究》考察了梁漱溟、马一浮、熊十力、冯友兰、贺麟、钱穆的道德观。梁漱溟从西方文化和道德精神转型入手，提出了中西方价值理念相互结合的观点，在充分肯定孔孟"仁学"和"良知"说的同时，揭露了中国传统道德生活的弊端，这体现出对中国传统道德的一种理性主义态度。马一浮极为推崇国学，

---

① 柴文华、杨辉、康宇等：《中国现代道德伦理研究》，社会科学文献出版社2011年版，第158页。

② 柴文华、杨辉、康宇等：《中国现代道德伦理研究》，社会科学文献出版社2011年版，第172页。

提出了以"六艺"为核心的儒学价值观，在现代的背景下对儒家的"仁""孝悌""君子""小人""修养"等伦理思想进行了新的阐释。熊十力提出了"即习成性"，要人们通过"习"的修炼来突破障碍，恢复人的本性。冯友兰特别重视"内圣"，用基本道德的永恒性为中国传统道德精神辩护，提出了"自然境界""功利境界""道德境界""天地境界"等人生境界说。贺麟分析了"五伦"的本质、方法论，以及"饿死事小，失节事大"的问题，力图从哲学的高度，分析其本质，挖掘其精华。钱穆主张用"同情和敬意"来对待中国历史文化，分析了中国文化生命力的根基，肯定了儒家在道德伦理方面的贡献，对中国化的佛教价值观进行了解读。

在西方价值观方面，《中国现代道德伦理研究》主要考察了梁漱溟、张君劢、马一浮、冯友兰、贺麟的西方价值观。梁漱溟虽然提出了"中国文化复兴说"，但是对西方文化的价值多持肯定的态度。张君劢总结了西方文化的主要特点，从政治、伦理、人格等方面阐释了西方文化的优势，重视人格的平等。马一浮对待西方文化的态度有一个从肯定到反对、批判的过程。冯友兰在面对西方文化时，清醒地认识到现代化的必然性，并且鄙视崇洋媚外的心理。贺麟主张提升中国传统伦理文化的价值，但也明确反对民族文化本位论，对西方的价值观念持开放的心态。

五是战国策派的伦理思想。战国策派是一个民族主义的学术团体，因主办《战国策》和《大公报·战国副刊》而得名，主要代表人物有林同济、陈铨、雷海宗等。战国策派试图从中国传统文化（主要是战国文化）中吸取活力，以应对当时中国所面对的前所未有之变局。《中国现代道德伦理研究》从战国策派对大家族制和"孝为百行先"的批判，以及对英雄崇拜和国民性改造的论述入手，认为战国策派着力揭露国民性的劣根性，以"刚道的人格型"取代"柔道的人格型"，推崇所谓战士式的人生观，讲求"忠为第一"，表现出了极强的尚武精神，希望将国民性恢复到文武兼备的状态。

六是中国现代马克思主义的伦理思潮。中国现代马克思主义伦理思潮的主要代表人物有李大钊、陈独秀、瞿秋白、李达、艾思奇、刘少奇、毛泽东等。其特点是在运用马克思主义基本理论研究和解决中国问题的同时，开创了一种不同于西化派和早期现代新儒家的新型伦理思潮。他们"以历史唯物论为理论基础和方法原则，对以农业经济为根基的中国传统伦理文化进行了深入批判，探讨了自由和必然、道德与经济、道德与阶级、个人与集体、两性伦理、道德修养等一系列问题，对中国当代伦理思想的发展产生了深远的影响"①。

总体而言，《中国现代道德伦理研究》对中国现代伦理思想的阐释是系统的，其突出特色是注意到了学派的交叉和细化。

方克立曾经多次提出，在中国五四以来的思想史上，始终存在着三个既相互对立又相互推动的重要派别，即中国的马克思主义、自由主义的西化派、现代新儒家。唐凯麟、王泽应指出："20世纪的中国伦理思想作为20世纪中国思想的重要组成部分，我们认为似也可区分为马克思主义、自由主义的西化派和现代新儒家三大思潮。中国现代伦理思想史上的无数次重大伦理道德问题的论争可以说主要是在马克思主义、自由主义的西化派和现代新儒家三派之间发生的，三者的并存与对抗，形成了中国20世纪思想史上伦理思潮发展的基本格局和主要趋势"。② 根据这种理解，唐凯麟、王泽应系统地探讨了三大伦理思潮发生和发展的历程，以及它们之间的关系。

《中国现代道德伦理研究》指出："对于中国现代思想史包括伦理思潮的三分法应该说是历史主义的和实事求是的，主题突出，线索明了。但有一些问题也值得进一步思考，比如以现代新儒家作为中国现代文化保守主义的唯一代表是否合适？在探讨中国传统伦理文化时，有人将其儒家化，也有人以儒、释、道三家为主线进行描述，这在突出主题的同时也有可能在一定程度上遮蔽中国传统伦理文化的丰富性，

---

① 柴文华、杨辉、康宇等：《中国现代道德伦理研究》，社会科学文献出版社2011年版，第256页。

② 唐凯麟、王泽应：《20世纪中国伦理思潮问题》，湖南教育出版社1998年版，第29页。

这种担心也适用于中国现代思想史和伦理思潮的研究上。"① 根据这些思考，《中国现代道德伦理研究》对每一个学派和伦理思潮的研究都进行了细化。

同是自由主义西化派的代表人物，胡适、陈序经、吴稚晖的伦理思想有着明显的差别。胡适、陈序经主要宣传个人主义，吴稚晖侧重阐释感性主义。同是宣传个人主义的胡适、陈序经也存在不同，一个偏于温和，一个偏于激进。在对中国传统伦理道德的态度上，早期的中国马克思主义者相对偏激，后来的中国马克思主义者则相对稳妥；在中国马克思主义伦理思想的建构上，毛泽东、李达相对而言具有更多的原创性。

然而，《中国现代道德伦理研究》是一种探索性的著作，其主要问题是没能把中国现代道德生活的变迁与中国现代伦理思潮有机地结合起来。《中国现代道德伦理研究》分上、下两篇，上篇谈中国现代道德生活的变迁，下篇谈中国现代的伦理思潮。对于上、下篇究竟具有怎样的逻辑关系，《中国现代道德伦理研究》未能做出充分的说明。事实上，道德生活和伦理思潮存在着内在的联系，伦理思潮来源于道德生活，是对道德生活的一种思考，伦理思潮又会对道德生活的变化产生重大的影响。因此，道德生活和伦理思潮之间的关系问题是一个值得探讨的问题。期待研究者在这方面能有新的突破。

第四节　当代道德变迁史②

对中国当代（1949 年之后）道德变迁的研究主要体现在《中国当代伦理变迁》中，该书由樊志辉、王秋撰著，2012 年由中国社会科学出版

---

① 柴文华、杨辉、康宇等：《中国现代道德伦理研究》，社会科学文献出版社2011 年版，第 79 页。

② 本节由于跃执笔，柴文华修改。

社出版。

一、概况

《中国当代伦理变迁》从道德伦理变迁的角度对中国现代化进程中的道德变迁进行了新的探索。《中国当代伦理变迁》系统地阐述了中国当代伦理道德变迁的历史轨迹及其内在运行的机理，进一步分析了中国伦理建构的历史性嬗变，指出社会主义道德建设是中国当代伦理道德变迁的核心内容。《中国当代伦理变迁》不仅立足于当代伦理道德变迁的史实，客观描述了中国当代伦理道德变迁的真实图景，而且对社会历史背景进行了分析。

二、阶级道德的形成

十月革命以后，马克思列宁主义传入中国，学习俄国人成为这一时期中国先进知识分子宣传马克思列宁主义的主要内容。通常认为，俄国的军事共产主义于1918年至1921年首先由列宁提出。其一般特征是以军事斗争为中心。中国共产党在特定的历史条件下，结合自身的特点，走农村包围城市最后夺取城市的道路。《中国当代伦理变迁》总结、分析了根据地的政权、经济、文化、军队的建设。中国共产党实行党内民主，进行党的建设，结合土地革命、武装斗争等形式，建立和巩固了革命根据地。中国共产党以集体主义作为核心价值原则和道德观念，以全心全意为人民服务为宗旨，坚持走群众路线，注重团结、友谊、民主、平等，发扬集体英雄主义，宣扬热爱劳动、爱惜公物、勤俭节约、艰苦奋斗的精神，注重爱国主义与国际主义的统一，以及真理与改正错误的统一。

三、风俗与传统伦理的变革

《中国当代伦理变迁》指出，新中国成立后，日常生活层面的风俗与传统伦理得到变革与重塑。首先就是要建立新的伦理规约，封闭妓院，改造妓女，禁绝毒品，取缔"一贯道"，对妓院、毒品、赌博、黑社会反动会道门、封建迷信等中国传统伦理遗毒进行彻底的清算。其次是颁布《中华人民共和国婚姻法》，实现婚姻伦理的自由解放。最后是确立共产主义的生活伦理观，组织开展"爱国卫生运动"、"除四害"运动，提倡节约，反对浪费。这一方面是由于新中国成立之初物资匮乏，另一方面也是继承了革命以来中国共产党的光荣道德传统。

《中国当代伦理变迁》对"人民电影"的构建、社会主义文艺的影响、传统文艺的社会主义改造进行了分析与反思。我国出现了共产主义伦理化的新风尚。"雷锋精神""铁人精神"等成为艰苦奋斗的代名词，对人们的道德观念和行为产生了重要影响。

《中国当代伦理变迁》总结了新中国成立后十七年伦理道德建设取得的巨大成就。人民群众的伦理道德观念发生了质的飞跃，人们的日常伦理关系发生了新的变化，人与人之间实现了平等互助。

在移风易俗过程中，"左"倾错误在一定程度上对日常伦理造成了破坏。这主要表现为："第一，伦理塑造过程中的强制性，导致了伦理转型过程中出现一定程度上的伦理创伤；第二，社会多元伦理价值资源的一元化整合，固然扫除了许多旧伦理的积弊，但也不可避免地遗弃了一些珍贵的伦理遗产；第三，'左'倾错误对共产主义道德的扭曲，导致了伦理观念与伦常现实的脱节，致使新的伦理价值在一定程度上流于形式，以及道德的虚假化。"[1]

---

[1] 樊志辉、王秋：《中国当代伦理变迁》，中国社会科学出版社 2012 年版，第 124 页。

四、市场经济与伦理观念的变化

《中国当代伦理变迁》指出，十一届三中全会确立了改革开放的基本国策，我们走上了中国特色社会主义道路，社会主义市场经济体制得以确立和发展。经济体制的变化引起了伦理道德观念的变化。

20世纪80年代后出现了三场大讨论，即"潘晓来信引发的人生观大讨论""大学生救老农引发的大讨论""蛇口风波引发的大讨论"。这些讨论包含集体主义价值观念与个人主义价值观念的冲突、个人利益与个人价值的区别，以及人生价值的衡量等问题，反映的是市场经济的发展对人的思想观念的改变。

市场经济的发展，也促使经济伦理思想产生。劳动的积极性得到了转变，"效率与公平"替代了"绝对平均主义"。"在邓小平理论的指导下，中国共产党人创造性地处理了公平和效率的关系，坚持以生产力发展、综合国力提高、人民生活需求满足为衡量标准，走出了一条中国特色的社会主义道路。"[1] 但随之而来的拜金主义思潮，也需要通过不断加强职业道德建设来应对。在这一时期，传统的生活情趣不再受制约，文艺、体育、娱乐也得到了解放。

科学技术的发展不仅改变了人们对生活的认知，也深刻地影响了人们的生存结构和价值旨趣。在性伦理与婚姻伦理方面，则出现了性解放、试婚、婚外情等新生问题。

平民性、娱乐性、媚俗性、平面性的大众文化随之兴起，"大众文化的本质在于它是人类生活中超验价值退隐下的文化样式和生存模式"[2]。

---

① 樊志辉、王秋：《中国当代伦理变迁》，中国社会科学出版社2012年版，第170页。

② 樊志辉、王秋：《中国当代伦理变迁》，中国社会科学出版社2012年版，第209页。

现代社会应该解决好理想主义、虚无主义、伪理想主义之间的逻辑悖论及现实演绎等问题。

五、伦理资源的整合

我国高度重视社会主义道德建设。从 1981 年 2 月开展"五讲四美""三热爱"活动开始，到 2001 年《公民道德建设实施纲要》的出台，再到 2006 年"八荣八耻"的提出，《中国当代伦理变迁》考察了社会主义道德建设的过程。《中国当代伦理变迁》指出，在汶川特大地震灾害的救灾抗灾和灾后重建的过程中，涌现出了无数可歌可泣的英雄事迹，灾区人民面对灾害时乐观坚韧的精神，以及全国各地人民对灾区的无私奉献，充分反映了社会主义核心价值体系巨大的现实作用和强大的生命力。

《中国当代伦理变迁》是较早系统地探讨中国当代伦理道德变迁的专著，有自己的理论构想，较为全面地展示了新中国成立以来伦理道德变迁的轨迹和样态，具有丰富的内容。然而，由于我们这代人身处其中，对有些问题还把握不准，《中国当代伦理变迁》有些未尽之处是可以理解的。

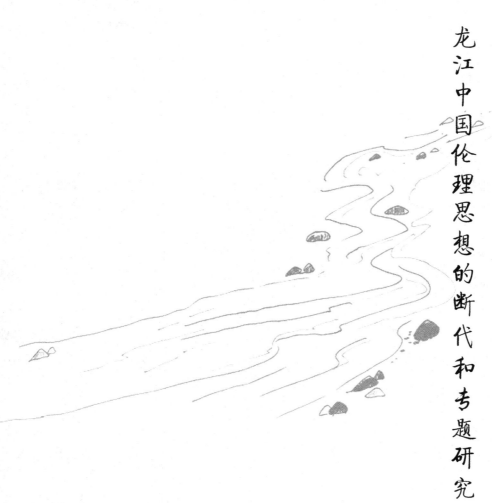

第六章

龙江中国伦理思想的断代和专题研究

断代类和专题类的中国伦理思想史研究成果比较丰富，如《中国德育思想史》《中国古代道德修养论》《西周伦理形态研究》《先秦伦理学概论》《先秦儒家道德论》《魏晋玄学伦理思想研究》《宋代理学伦理思想研究》《元代理学伦理思想研究》《明清道教伦理及其历史流变》《走向近代的先声——中国早期启蒙伦理思想研究》《近代伦理思想的变迁》《20 世纪中国伦理思潮》《中国礼文化》《孝与中国文化》等。与之相比，龙江的中国伦理思想史的断代和专题研究起步较早，特色鲜明。

第一节　先秦秦汉德治法治关系思想研究[①]

关健英所著的《先秦秦汉德治法治关系思想研究》（人民出版社2011 年版）既是断代研究著作，又是专题研究著作。

---

① 本节由于跃执笔，柴文华修改。

一、中国式问题

《先秦秦汉德治法治关系思想研究》通过梳理、分析先秦秦汉德治、法治关系理论的发展过程，指出在中国传统文化的语境下，道德与法律的关系问题是一个"中国式的问题"，探讨的重点在于"德"和"法"的工具性意义，探讨的结果是"德"和"法"的界限趋于模糊并弥合。殷周之际、春秋战国时期、汉初是中国历史上对德治、法治关系理论比较关注的时期，他们对于德刑论的一贯基调，决定了其后中国古代德治、法治关系思想的基本走向。中国古代德治、法治关系理论蕴含着丰富的德治传统，尤为关注道德与政治合法性之间的必然联系。

道德与法律的关系问题，是中西方思想家共同关注的问题，而由于具有不同的文化背景，中西方思想家对这一问题的理解与思考的方向有很大的区别。《先秦秦汉德治法治关系思想研究》认为，讨论道德与法律的关系，应该认清二者的同一性与差异性。从功能的角度来看，道德与法律是一致的，都是从不同方面去协调社会关系，整合社会力量，它们调整的范围具有交叉性，它们彼此渗透，互相补充。道德与法律的差异性表现在以下三个方面：第一，法律具有一元性，道德具有多样性；第二，法律关注外在，道德要求内外兼顾；第三，从法律的角度来看，权利与义务互为条件，而从道德的角度来看，权利与义务相对分离。"在现代社会，随着人们权利意识增长，权利主体身份逐渐明晰，法律上的权利义务对应性与道德上的两者相对分离性特点，必将给人们的行为选择带来困惑。"①

与西方思想家不同，中国思想家会注意将法律与道德的关系问题放置到"传统文化的问题域中"进行研究。这是因为中国思想家和西方思

①　关健英：《先秦秦汉德治法治关系思想研究》，人民出版社 2011 年版，第 7 页。

想家所探讨的主题不同，中国古代思想家很少会从本体论的角度思考道德与法律的关系问题，这不同于自然法学派与实证法学派的探索方向。春秋时期"礼崩乐坏"，需要一个行之有效的治世手段。因此，中国古代思想家探讨"德"与"法"的重点是二者在"治"层面上的工具性意义。"德"与"法"各有自己擅长的领域，不可互相替代，这使得"德"与"法"的界限趋于模糊并弥合。"这又确乎是一个由中国文化特质所决定的'中国式'的问题。"①

二、哲学基础和社会根基

先秦秦汉时期的德治法治关系思想有自己的哲学基础和社会根基。

先秦秦汉时期，各学派的哲学理论体系已经非常完备，这就从不同的角度为德治与法治关系的思考提供了丰富的思想资源。先秦秦汉时期的德治法治关系思想的哲学基础主要是传统的人性论、天人论、阴阳论等。

人性论观点中的性善论为德治的可能性提供了重要的依据，并以"贤人政治"作为道德期待。性恶论是在战国时期社会进一步恶化的背景中应运而生的，这是儒家思想对德治以外的社会治理路径的探索，或者说是在探知到德治能力边界后的穷则思变之举。性恶论在坚守儒家道德立场的同时，又具有强烈的现实指向性。韩非则在荀子性恶论的基础上，提出了自为人性论，这是更为清醒、冷峻的法治主义思想。韩非认为人的道德行为具有极强的不确定性，但对于以利为驱动的具体行为却可以通过法治的手段进行有效的干预，因此应该遵循法治主义。韩非的人性主张为中国式的法治主义、重刑主义奠定了坚实的理论基石。

---

① 关健英：《先秦秦汉德治法治关系思想研究》，人民出版社 2011 年版，第 11 页。

传统儒家的"天人合一"思想是伦理思想史上解释德与法本原和依据的理论来源。董仲舒在传统儒家思想的基础上，在善恶观念中融入了阴阳理论，提出"阳善阴恶""阴阳相合"的理论，主张"务德不务刑""德主刑辅"，为汉代的治国方略寻找到了一个形而上的哲学依据。

中西文明路径的区别，根源于不同的社会文化根基，这也导致对德与法的关系的理解有所不同。《先秦秦汉德治法治关系思想研究》从血缘关系与农耕文明的传统入手，认为西方古代社会在私有制充分发展的基础上，彻底地摧毁了氏族的血脉关系。在中国古代，血缘关系并没有被摧毁，而是通过与地缘、权利相结合的方式，从家庭延伸到更为广阔的社会政治、经济、文化生活中。因此，中国古代社会的道德规范对于人的行为的规范能力远远超过西方，这也是中国古代重视德治的原因之一。农耕文明的传统一方面使人们形成了重天命、尊老尚齿、注意整体性力量等观念，另一方面也在一定程度上加强了社会生活中血缘纽带的作用，成为中国古代德治传统的重要依据。

三、道德与法的起源及其相关的概念

关于中国古代法的起源，有不同的说法，如"起源于上古时代说""起源于夏代说""起源于商代说"等。《先秦秦汉德治法治关系思想研究》通过对法的起源时代的梳理，总结出中国古代法起源的三个特点：第一，"不公开，不成文"；第二，以"刑"为主要形式；第三，"刑起于兵"。《先秦秦汉德治法治关系思想研究》着重讨论了"刑起于兵"说与圣人"立法设刑"说，揭示了法和刑作为强制性的规范应该具有的客观性特征，以及制定礼仪、刑法的主观性因素。

《先秦秦汉德治法治关系思想研究》从历史唯物主义的观点出发，结合中国古典文献，对原始道德起源问题进行了探讨。《先秦秦汉德治法治关系思想研究》指出，原始社会的道德主要通过"图腾崇拜"、"风俗的统治"、"卡里斯玛"型人格的统治者德行传统等形式表现出来。《先秦秦汉德治法治关系思想研究》对传统文化语境中"德""法""礼""教"等概念，以及它们之间的关系进行了分析。

四、德治法治思想的元型

《先秦秦汉德治法治关系思想研究》对西周时期中国伦理文化与法律文化形成的具体过程进行了梳理，认为西周的德刑关系思想是中国德治法治关系思想的元型。

《先秦秦汉德治法治关系思想研究》指出，武王克商之后，崇尚"天""帝"，敬事鬼神的殷商为什么没有得到"天""帝"的庇护这一问题成为一个亟待解答的问题。周人首先确保"天""帝"的权威性和"君权天授"的合法性，提出了"敬天保民""以德配天"的思想，将"天命"与"人事"连接起来。中国的"德治"思想在西周时期开始萌芽。在亚细亚生产方式与宗法等级制的共同作用下，中国古代社会形成了"重家族""重血缘""重道德"的特色。"天命观"在西周时期的发展，进一步扩大了"德"在社会各个领域的影响力。中国古代的社会结构、思想结构为"德治""法治"思想的发展提供了足够的土壤。

通过对武王克商的反思，周人的"德治""法治"思想得到了进一步发展。周人推翻了殷商以来只要通过祭祀就可以获得"天""帝神""祖神"恩泽庇护的观念，产生了"天讨有罪，威用刑典"的思想。但在对待"刑"的态度上，周人保持谨慎的态度，坚持"明德慎罚，敬刑成德"的基本精神，采取"以德化人，教而后行"的基本策略。在伐殷胜利后，周人对殷商遗民没有赶尽杀绝，而是"化殷顽民"。周人的德刑关系理论中所蕴含的道德精神对后世产生了重要影响。周人的主张为后世儒家思想的发扬光大建构了基本的理论框架。

五、儒家"德治"思想与法家"法治"思想

《先秦秦汉德治法治关系思想研究》从儒家"德治"思想与法家"法治"思想的角度，讨论儒家思想和法家思想的主要内容与特点，并考察了儒家与法家在各自理论视域下的德治法治关系。

从殷商到西周再到春秋战国，中国古代思想领域发生了前所未有的变革，商人的祭祀风尚遭受打击，逐渐向西周的人文风尚转变，宗法制度因为社会各领域的发展而难以为继，传统的氏族规范在新的社会模式下无力发挥作用。中国古代的思想家们不得不开创新的路径，以求恢复社会的和谐与稳定。

先秦儒家从孔子的德治思想开始，历经孟子的仁政思想、荀子的礼法主张，其体现的核心思想即是推行仁政，反对暴政，兼顾德法两种手段，但以德治为主。汉儒在形而上的理论层面进行论证，最终确定了"以德治国""德主刑辅"的治国方略。儒家德治主义的主要内容包括民为邦本的价值理念、为民表率的君德思想、教而后刑的教化思想、自我完善的修养思想。《先秦秦汉德治法治关系思想研究》将春秋战国时期德治思想的基本特点概括为以下三点：第一，春秋战国的德治主义是思想家们为变动中的社会开出的"道德药方"；第二，春秋战国的德治主义的主要内容是社会治理问题，其中包括为政之德的问题、利民富民的问题、道德教化问题、德与法（刑）的关系问题；第三，春秋战国时期德治主义的理论基础是人性论和民本论。在先秦儒家看来，德与法是治理社会的必要手段，二者缺一不可。因此，二者的关系可以概括为"导之以德""宽猛相济""胜残去杀"等。

关于春秋战国时期的法治思想，《先秦秦汉德治法治关系思想研究》通过对郑国铸刑书、晋国铸刑鼎、李悝撰《法经》、商鞅变法等历史事件进行考察，阐述了中国成文法的历史。《先秦秦汉德治法治关系思想研究》以秦国的变法为例，分析韩非对法治的态度。韩非认为法治是必要

的，社会秩序的治理应该遵循"以法为教，以吏为师""法不阿贵"的基本思路。《先秦秦汉德治法治关系思想研究》结合法家思想的内容和秦律等具体文献，分析了先秦法家法治思想的实质：第一，以人性的自私自利为理论基础；第二，认同进化史观；第三，反对"人治"；第四，主张重刑主义；第五，主张治道上的非道德主义；第六，主张文化专制主义。在春秋战国时期的法家看来，并不存在一个德治与法治互配共荣的社会治理情况，社会治理的唯一正确路径就是法治，德治与法治的关系可以概括为"以法代德""以刑去刑""德化无用"。

六、德主刑辅

《先秦秦汉德治法治关系思想研究》结合史实讨论了汉代德治法治关系的理论，中国古代德治法治关系思想最终确立为"德主刑辅"。

汉初的统治者以黄老思想作为治理国家的主要指导思想，旨在发展生产，劝课农桑，轻徭薄赋，与民休息。而未被正式采纳的儒家思想实际上也在具体的社会治理中发挥着作用，如奖励孝悌、推举贤良、赏赐三老、宽省刑法等。虽然黄老之学对汉初社会的恢复起到了巨大的作用，但是对于汉初的统治政策，我们不得不说这只是形式上的改变，就汉初的政治体制而言，其现实是"汉承秦制"。一方面，秦国战胜了东方六国，一统天下，这说明秦制自有其价值；另一方面，天下初定，新的治理模式还没有确立，承接秦制也是无奈之举。而强大的秦国二世而亡的结果，又让人如芒在背，促使汉初的思想家们开始对秦亡教训进行历史反思。这也逼迫着汉初的思想家们去寻找一条不同于以往的新的治理之路。《先秦秦汉德治法治关系思想研究》重点分析了陆贾、贾谊、贾山对这一问题的反思，他们充分肯定了道德在治理国家中的作用。

汉武帝通过提倡儒家孝道、举孝廉、重教化、任用酷吏、颁布法令等一系列措施，确立了"尊儒尚法"的统治政策。董仲舒则从理论层面进行论证，提出"以德为国""教化为先"的思想，认为德教优于刑法，治理政策应该体现德刑互补。而"德主刑辅"的基本思想也在汉代通过刑法改革得到最终确立。

七、系统性反思

《先秦秦汉德治法治关系思想研究》对先秦秦汉德治法治关系思想进行了总结性、系统性的反思。中国古代具有重德传统,"宽猛相济""德主刑辅"是德治法治关系思想的理论基调。德治与法治的关系问题在中国思想史上具有独特性。自"汤武革命"以来,"道德"就成为政权更迭的内在依据。相较于法治,德治必然会导致"人治"。而就中国古代社会而言,无论是德治还是法治实际上都无法摆脱"人治"。对于今天而言,《先秦秦汉德治法治关系思想研究》指出,提倡德治并不与发展社会主义民主、健全社会主义法治相矛盾,应该从"人民有权,国家有法,官员有德"这三个方面入手来思考现今德治、法治的关系。

第二节　中国近现代伦理思想

龙江的中国近现代伦理思想的断代研究主要体现在张锡勤、饶良伦、杨忠文合作编撰的《中国近现代伦理思想史》中。1984 年,该书由黑龙江人民出版社出版,是中国第一部近现代伦理思想史断代研究著作。

一、涵盖面广

《中国近现代伦理思想史》涵盖的内容比较丰富,包括鸦片战争时期、太平天国时期、戊戌维新时期、辛亥革命时期、五四新文化运动时期、新民主主义革命时期的伦理思想。涉及的主要人物有龚自珍、魏源、洪秀全、洪仁玕、曾国藩、汪士铎、王韬、郑观应、薛福成、康有为、严复、谭嗣同、唐才常、梁启超、章太炎、蔡元培、孙中山、陈独秀、李大钊、鲁迅、吴虞、吴稚晖、胡适、张东荪、梁漱溟、冯友兰、陈立夫、李达等。

二、近现代伦理思想主要内容的分野

张锡勤在《中国近现代伦理思想史》的前言中指出，在中国伦理思想发展史上，近现代是一个十分重要的时期，这个时期虽然总共才 109 年，但伦理道德领域却发生了极其巨大、深刻的变化。

中国近现代是社会转型时期，但伦理思想有明显的分野。近代封建制度日益崩溃，传统道德日益没落，随着资本主义的产生，资产阶级的伦理道德在中国出现了。近代一批进步的思想家为了摆脱封建传统的束缚，推进中国社会的进步，发起了一场"道德革命"，要求以资产阶级道德取代封建主义道德。这场"道德革命"冲击了中国传统道德，促进了中国社会道德、礼俗、风尚的变化，但却是不彻底的。五四运动之后，中国的无产阶级作为独立的政治力量登上了历史舞台，马克思主义伦理和共产主义道德的建立使中国伦理思想史进入一个崭新的发展阶段。因此，近代和现代伦理思想的分野可以这样表述："如果说资产阶级伦理思想与封建地主阶级伦理思想的对立斗争是中国近代伦理思想史的主要内容，那么，无产阶级伦理思想反对地主阶级、资产阶级的伦理思想的斗争则是中国现代伦理思想史的基本内容。"[①]

---

① 张锡勤、饶良伦、杨忠文：《中国近现代伦理思想史》，黑龙江人民出版社 1984 年版，第 1—2 页。

三、马克思主义的基本立场

《中国近现代伦理思想史》的作者始终坚持马克思主义哲学的基本立场，运用马克思主义哲学的基本方法研究中国近现代伦理思想史，注重各种伦理思想产生的社会背景和发展规律。

在阐述鸦片战争时期地主阶级革新派的伦理思想时，《中国近现代伦理思想史》从清朝统治的衰落、士大夫阶层的道德堕落、整顿道德秩序呼声的出现等背景出发，揭示了伦理思想领域的某些新动向："他们不只主张正人心，而且又主张在政治、经济、财政诸方面进行某些改革，以缓和社会矛盾，这同那种拒绝任何改革，一味靠强化封建纲常、加强对人民的思想统治来度过危机的主张是有区别的。"① 他们当中的一些人主张"改法度""变风俗"，这体现了伦理思想方面的某些新动向。在阐述戊戌维新派的伦理思想时，《中国近现代伦理思想史》从中国民族资本主义经济和民族资产阶级的产生出发，说明近代道德革命发生的必然性。在阐述革命派的伦理思想时，《中国近现代伦理思想史》从资产阶级革命派的形成和民主革命思潮的兴起出发，说明了资产阶级革命派对封建旧道德的批判改造和对西方资产阶级伦理思想的宣传介绍，进而解读了孙中山、章太炎、蔡元培的伦理思想。在阐述五四新文化运动时期的道德革命时，《中国近现代伦理思想史》从辛亥革命后经济、政治、文化背景的变化出发，说明了五四新文化运动时期伦理思想的产生、发展及其特点。在阐述新民主主义革命时期无产阶级的伦理思想时，《中国近现代伦理思想史》从中国共产党人和马克思主义者对共产主义道德的研究培育、对传统道德的批判、对马克思主义伦理思想的宣传研究等方面，说明了无产阶级伦理思想的产生和发展的背景，并解读了李大钊、李达、鲁迅、

---

① 张锡勤、饶良伦、杨忠文：《中国近现代伦理思想史》，黑龙江人民出版社1984年版，第5页。

刘少奇、毛泽东的伦理思想。这表明《中国近现代伦理思想史》坚持一贯的历史唯物论的立场，从社会存在的角度去说明伦理思想的产生和发展。

四、历史局限性

《中国近现代伦理思想史》的历史局限性和那个时代几乎所有的哲学社会科学成果一样，都是过度强调了阶级分析方法。可以说，这是那个时代的共同特征，例如把伦理思想和阶级联系起来等。

尽管《中国近现代伦理思想史》有其历史的局限性，但是它毕竟是进入20世纪80年代以后率先奉献给大家的中国伦理思想史研究方面的重要成果，具有开创性。正如《中国近现代伦理思想史》的前言所说："在此冬去春来、万象更新的大好时代，我们献出了一束平凡的'三叶草'，目的在于抛砖引玉。"①"三叶草"尽管平凡，但毕竟是奉献给新时代的一抹绿色，在中国伦理思想的断代研究中做出了自己应有的贡献。

第三节　中国伦理文化的诠释和重建②

中国伦理文化的主要内容是什么？当代中国的道德建设应该考虑哪些问题？柴文华的《再铸民族魂——中国伦理文化的诠释和重建》（黑龙江教育出版社1997年版）试图对这些问题做出说明。

---

① 张锡勤、饶良伦、杨忠文：《中国近现代伦理思想史》，黑龙江人民出版社1984年版，第2页。
② 本节由谷真研执笔，柴文华修改。

一、学界的评价

《再铸民族魂——中国伦理文化的诠释和重建》出版后，学界给予了积极评价。唐永进在《中华文化论坛》1998 年第 4 期上发表了《一部颇具新意之作——读〈再铸民族魂——中国伦理文化的诠释和重建〉》，认为《再铸民族魂——中国伦理文化的诠释和重建》是一部厚积薄发、颇具新意之作。唐永进将该书的特点概括为以下三个方面：一是选题科学，新论颇多；二是结构严谨，条分缕析；三是褒贬得当，语言流畅，"语必有据，言必天成，充分体现了作者治学行文的求真务实之风"①。

杨威在《北方论丛》1999 年第 4 期上发表了《中国伦理文化的现代建构——〈再铸民族魂——中国伦理文化的诠释和重建〉评介》一文，认为《再铸民族魂——中国伦理文化的诠释和重建》具有三大特色：一是对中国伦理文化诠释的思路颇具新意；二是研究方法新颖；三是渗透着整合、超越式的思维方式。

郑莉在《求是学刊》1998 年第 4 期上发表了《世界发展理论与民族魂之再铸——兼评〈再铸民族魂——中国伦理文化的诠释和重建〉》一文，认为《再铸民族魂——中国伦理文化的诠释和重建》"立足于塑造高度文明的现代中国人和促使礼仪之邦称号再度生辉的理想目标，运用原型与模型、创新与传统、中心与边缘相统一的方法论原则对中国伦理文化的'原型'作出了新的诠释，并对中国伦理精神进行了创造性的重建，展示了立足现实、兼顾传统、融合中西、面向未来的整合式或超越式的伦理文化建构思路"②。

---

① 唐永进：《一部颇具新意之作——读〈再铸民族魂——中国伦理文化的诠释和重建〉》，载《中华文化论坛》1998 年第 4 期。

② 郑莉：《世界发展理论与民族魂之再铸——兼评〈再铸民族魂——中国伦理文化的诠释和重建〉》，载《求是学刊》1998 年第 4 期。

马庆玲在《天府新论》1998 年第 4 期上发表了《重建中华民族伦理精神的有益探索——读〈再铸民族魂——中国伦理文化的诠释和重建〉》一文，认为"作者打破以重点人物、重点学派为主要线索的叙述模式，从宏观上对中国伦理文化的内在逻辑结构作出了纵向的阐释，这在学术上是一种新的尝试，具有一定的填空补白的意义"①。

《再铸民族魂——中国伦理文化的诠释和重建》还被收录到《黑龙江年鉴（1998）》中，上篇从宏观上对中国伦理文化做了纵向阐释，下篇着重论述了中国伦理文化重建的必要性等，展示了一种吞吐古今、融汇中西的超越式或整合式的伦理文化思路。

《再铸民族魂——中国伦理文化的诠释和重建》具有鲜明的特色。其特色主要是思考系统的方法论、注重逻辑结构的开发和实践价值突出。

二、思考系统的方法论

胡适对中国现代哲学发展的贡献是提出了一套具有科学精神的方法论，他称之为"金针"。在中国哲学史的研究领域亦是如此。方法论对于一个学科的建设和一个学术领域的开拓具有重要意义。《再铸民族魂——中国伦理文化的诠释和重建》在阐释中国传统伦理文化之前，对方法论进行了系统思考，提出了原型和模型的理想化黏合、创新与传统的内在化关联、中心与边缘的整体化透视。

首先是原型和模型的理想化黏合。原型指中国伦理文化的本来面貌，亦即客观的中国伦理文化史。模型指人写的中国伦理文化史，既然是人写的，自然与书写者的主观性具有密切的联系。根据历史唯物论的基本观点和实事求是的要求，我们写出来的中国伦理文化史必须符合客观的中国伦理文化史。然而，真正做到这一点谈何容易。我们书写中国伦理

---

① 马庆玲：《重建中华民族伦理精神的有益探索——读〈再铸民族魂——中国伦理文化的诠释和重建〉》，载《天府新论》1998 年第 4 期。

文化史，以大量的古代文献为依据，这些古代文献年代久远，且真假难辨，更重要的是解释者都有自己的成见，主观性较强，因此写出来的中国伦理文化史很难完全符合客观的中国伦理文化史。在这种情况下，《再铸民族魂——中国伦理文化的诠释和重建》提出了原型和模型的理想化黏合的观点，即实现原型和模型的有机统一，亦即冯友兰所说的尽心写出信史。

其次是创新与传统的内在化关联。梁漱溟曾把创造性规定为人的本性，离开了创造性，无以为人。研究中国伦理文化史，我们也要提倡创新。但人文社科领域的创新困难重重，因为我们可以避免有意识的模仿，但无意识的模仿防不胜防。正如冯友兰所说，一个时代可以有崭新的哲学家，但很难有崭新的哲学，因为任何一种创新都离不开传统，离开传统的创新犹如空中楼阁，没有根基。在我们决定传统之前，传统已经决定了我们。人们或许能与死去的传统分手，但无法摆脱活着的传统的缠绕。《再铸民族魂——中国伦理文化的诠释和重建》指出，理论创新的途径之一是"赋予传统中的共相以新的时代精神"①，这是运用时代精神对传统中的活元素进行转化和创造。中国传统伦理文化中存在着不少反映人类价值的活的东西，我们应该结合时代精神对其进行创造性转化和创新性发展。

最后是中心与边缘的整体化透视。中国伦理文化是一个整体，这个整体既有中心，又有边缘。中国伦理文化的中心即是儒家伦理文化，边缘即是非儒伦理文化。因此，我们要想接近中国伦理文化的原型，既要重视中心，又不能忽视边缘，要将二者结合起来，还原中国伦理文化的本来面貌。如《再铸民族魂——中国伦理文化的诠释和重建》所说："运用中心与边缘整体化透视的方法省思研究对象，就会发现中国伦理文化的总体特征是一种分裂物的对抗和渗透，即自觉与自由、理性与感性、群体与个体等的分裂和融合，它构成了中国伦理文化发生和发展的真实

---

① 柴文华：《再铸民族魂——中国伦理文化的诠释和重建》，黑龙江教育出版社1997年版，第22页。

图景。"①

三、注重逻辑结构的开发

从蔡元培的《中国伦理学史》开始，在书写中国伦理思想史时，学者多数都是按照历史的自然时间顺序、选取重要代表性人物的思想进行叙述。《再铸民族魂——中国伦理文化的诠释和重建》与此不同，是从宏观入手，挖掘中国伦理文化的内在逻辑结构。

首先，《再铸民族魂——中国伦理文化的诠释和重建》把中国伦理文化的历史分为原型和模型，试图厘清中国伦理文化的原型。"这个原型不能由曾经在场的儒家伦理文化独家全然代表，边缘的、琐屑的、异端的，总之，种种非儒和反儒伦理文化作为原型的自在部分理应受到重视，只有作如是整体观，这个原型的真实面貌才有被再现的现实可能。"② 因此，这个原型是一个冲突式的整体，包含多维的伦理价值指向。

其次，根据对中国伦理文化原型的界定，《再铸民族魂——中国伦理文化的诠释和重建》从典型性上将其分解为儒家伦理和非儒伦理三个方面的对立统一。

第一，自觉与自愿。道德自觉就是道德方面的自明、自晓、自持等，"你总得这样做"，"你必须这样做"。道德自觉是儒家伦理的主要内容，它建立在道德人类学的理论基础上，认为道德是人与非人的临界点。道德自觉的理想目标是成为圣人，这种圣人具有最高的道德水平，以及济世济人的功业和天人合一的境界。道德自觉有着特定的内容，即以"三纲五常"为核心的道德价值理念和行为规范。道德自觉的主要实现途径

---

① 柴文华：《再铸民族魂——中国伦理文化的诠释和重建》，黑龙江教育出版社1997年版，第37页。

② 柴文华：《再铸民族魂——中国伦理文化的诠释和重建》，黑龙江教育出版社1997年版，第3—4页。

是"反求诸己",见贤思齐,见善思学,达到"慎独"的境界。道德自愿注重选择性,尊重道德个体的意愿,"我高兴这样做","我愿意这样做"。道德自愿是以道家为中心的非儒伦理文化的重要内容,它的理论基础是"道法自然"的自由人类学理念,它把自在的自由看作生命的本性。道家伦理自由的人格载体是"真人""至人""神人"等,具有超越世俗、超越自身、超越生死的特点,可以达到"无待"的境界。为了追求自由,道家伦理对现实的道德、法制、税率等进行了全方位的检讨,认为这些皆是束缚自由人性的枷锁,需要挣脱。

第二,理性与感性,亦即"理欲之辨"。《再铸民族魂——中国伦理文化的诠释和重建》认为:"伦理学意义上的理性是指道德主体与思考相关的对自身行为的一种调节机制或约束能力,当它被普遍化和符号化之后,就会以'应当'的身份凌驾于社会之上。感性是指道德主体天然存在的感官欲望,它本身的不断地合理地实现是人类追求的目标之一。"[①]儒家伦理高度重视道德理性,其理论基础是理本论、心本论、重智论。其极端表现是建立在天理与人欲相互对立基础上的存理灭欲论。其温和的表现是建立在欲不可去基础上的以理节欲论。重视感性是非儒伦理的重要内容。感性自然欲望具有人本意义,告子认为"食色,性也"(《孟子·告子上》)。生命的根基在于感性,如《太平经》认为"三急"(饮食、男女、衣服)是人们"乐生"的基础。在非儒伦理文化中,还有把感官享乐极端化,宣传纵欲主张的,如《列子·杨朱篇》。

第三,群体与个体,亦即"公私之辨"。儒家持群体主义观念,其理论根据是一种社会人类学思想,亦即"群"是人的本质规定,"人能群,彼不能群也"(《荀子·王制》)。在公私关系上,儒家主张先公后私、大公无私、公而忘私等。在义利关系上,儒家主张先义后利、以义制利等。非儒伦理文化强调个体利益的重要性,其表现是利己主义,"损一毫利天下不与也,悉天下奉一身不取也"(《列子·杨朱篇》)。明清之际还有李

---

① 柴文华:《再铸民族魂——中国伦理文化的诠释和重建》,黑龙江教育出版社1997年版,第74页。

赘的私心说、黄宗羲的自私自利论等。

四、实践价值突出

《再铸民族魂——中国伦理文化的诠释和重建》的上篇是对中国伦理文化的诠释，下篇是对中国伦理文化的重建。诠释是理论解读，重建是理论创造。因此下篇是对中国伦理文化现实的思考，实践价值突出。

首先，《再铸民族魂——中国伦理文化的诠释和重建》探讨了中国伦理文化重建的依据、理论基础、方法论原则等，认为其依据是中国传统儒家伦理精神的衰落、西方近代伦理精神的缺失、中国道德建设的需求等，理论基础是中国特色社会主义理论，根本的方法论原则是民族性和世界性的统一。

其次，《再铸民族魂——中国伦理文化的诠释和重建》提出了中国伦理文化重建的途径，即自由与自觉的统一，竞争与和谐的统一，感性与理性的统一，个体与群体的统一，平等的人伦精神，自觉的公德意识，合理的生态意识等。

最后，《再铸民族魂——中国伦理文化的诠释和重建》对中国伦理文化的重建途径进行了分析。一方面，应该具体化，制定出公民应该遵守的行为规范，包括言谈举止方面的具体的礼仪规定、各种具体的职业道德规范等；另一方面，要强制化，把道德上的软的"应当"转换为强硬的"必须"，"一旦人们遵守规则就像吃饭、睡觉一样自然时，中国人崭新的日常生活世界就会展现在世人面前，礼仪之邦的称号才能再度生辉"①。

---

① 柴文华：《再铸民族魂——中国伦理文化的诠释和重建》，黑龙江教育出版社1997 年版，第 260 页。

五、主要缺憾和需要继续思考的问题

金无足赤，人无完人，任何一部著作总会有或多或少的缺憾。

《再铸民族魂——中国伦理文化的诠释和重建》篇章结构的设计不尽合理，比如上篇略长，下篇略短，不够协调；在对中国伦理文化重建依据、内容和途径的论述中，有的问题谈得过多，有的问题谈得过少等。

另外，《再铸民族魂——中国伦理文化的诠释和重建》毕竟属于20世纪末的作品，留下来一些需要继续思考的问题，比如用"道德自觉""理性主义""群体主义"能否概括出儒家伦理的基本精神。21世纪以来，中华优秀传统文化，尤其是中华优秀传统美德，受到人们越来越多的重视，构成社会主义核心价值观的重要思想资源和中国文化重建的"基因"。随着研究的深入，人们对以儒家伦理文化为主的优秀传统文化的基本特征有了更多的了解，如重人重伦的人文取向、心系天下的爱国情怀、民为邦本的施政理念、重义轻利的精神追求、反求诸己的道德自律、协和万邦的大同理想、革故鼎新的变易精神等，因此《再铸民族魂——中国伦理文化的诠释和重建》的概括虽然凝练，但是不够全面。再比如，限于历史时间，《再铸民族魂——中国伦理文化的诠释和重建》所谈的中国伦理文化重建的理论基础和内容需要补充，如社会主义核心价值观等。

第四节　中国人伦学说研究①

对中国人伦思想的探讨主要体现在上海古籍出版社于2004年出版的

---

① 本节由谷真研执笔，柴文华修改。

由柴文华、孙超、蔡惠芳合著的《中国人伦学说研究》中。《中国人伦学说研究》的特色是对中国"哲学人学"思想的探讨、松散的"中国伦理思想史",但也有一些未尽之处,有些领域需要进一步研究。

一、对中国"哲学人学"思想的探讨

《中国人伦学说研究》指出,"人伦"特指"人哲学"和"道德学"。"人哲学"与"哲学人学""哲学人类学"等概念相通。

"哲学人学"概念的提出表明还有非哲学的人学,这就是科学人学,科学人学侧重于用实证的方法对人的形而下世界做量化研究,包括考古人类学、民族人类学、经济人类学、心理人类学、体质人类学、医学人类学等。"哲学人学"是对人的哲学反思,主要探讨人之为人的本体论结构,还原作为整体的人。

中国传统哲学是以人为核心的,所以"哲学人学"思想十分丰富。《中国人伦学说研究》以西方哲学人类学的框架为参照,对中国传统哲学人类学思想进行了初步探讨,这应该是一种新的尝试。《中国人伦学说研究》把中国传统哲学人类学思想划分为四种类型:一是道德人类学,用道德去规定人与非人的临界点,有道德的是人,道德是人的本质规定,这主要以儒家的学说为代表;二是自由人类学,把追求自由看作人的本质,这主要体现在道家"道法自然"的理论框架中,包含尊重动物生存权利的物道主义、尊重人的自由的人道主义、尊重自由状态的社会自然主义等;三是神学人类学,其所设置的本体和价值不在世俗的人生之中,但追求这种本体和价值却又不在世俗的人生之外,它集中体现在佛教哲学和道教哲学中;四是自然人类学,用自然现象和自然欲望去规定人的本质和价值,它在中国传统哲学中不属于某一个特定的学派,如董仲舒的"人副天数"论、告子的食色论等。

二、松散的"中国伦理思想史"

《中国人伦学说研究》首先是一部中国伦理思想史著作,涵盖了从古代至近现代许多哲学家和哲学流派的伦理思想,探讨了中国伦理思想的起源,阐释了儒家的人伦学说,其中有问题式的探讨,有分时段、分人物的探讨。《中国人伦学说研究》涉及《孝经》、贾谊、扬雄、王符、王通、梁漱溟、熊十力、马一浮、冯友兰、贺麟等,解读了道家及其追随者的人伦学说,包括老子、庄子、王弼、阮籍、嵇康、向秀、郭象、鲍敬言等的人伦思想。《中国人伦学说研究》梳理了道教的人伦学说,包括《太平经》《抱朴子》中的人伦思想。除此之外,还有以韩非子为代表的法家的人伦学说、佛教的人伦学说、近现代文化激进主义的人伦学说等。其次是松散的。思想史类著作的书写方式主要有两种:一是按照自然的历史顺序,选取有代表性的人物的思想进行叙述;二是按照问题进行书写。运用这两种方式书写出来的伦理思想史类著作就显得比较严整。《中国人伦学说研究》主要采取了第一种书写方式,有挂一漏万之嫌,未能完整地展示出中国伦理思想史的本来面貌,因此是松散的。

三、有待深化的领域

《中国人伦学说研究》虽然涵盖面比较宽,但是还有一些有待深化的领域。

首先,"人"和"伦"的关系需要进行深入研究。中国传统哲学的核心是"人"。中国传统哲学不仅探讨人之为人的"性",提出性善论、性恶论、性无善无恶、性可善可恶、性三品、善恶混、天地之性、气质之性等,而且也探讨"伦"。此"伦"总体而言是"道",具体而言是

"理"，包括处理人与人之间各种关系的规范。应该说，"人"是"伦"的基础，"伦"是"人"的实现，二者存在内在的关联性。

其次，需要加深对先秦人伦学说的研究。因为先秦是中国传统文化的母体，是中国文化的轴心时代或黄金时代，涌现出了一大批对世界文化产生过重要影响的思想家，这些思想家提出了各具特色的思想学说。《中国人伦学说研究》在问题式书写的过程中谈到过孔子、孟子、荀子，但笔墨显然不够，对于墨家的伦理思想、《管子》的伦理思想还有待挖掘。

最后，《中国人伦学说研究》缺乏对"新儒家"（即宋明道学伦理思想）的研究，需要进一步挖掘。宋明是中国伦理思想发展的巅峰时期，传统伦理道德已经完全成熟，宋明是中国伦理思想史研究无法避开的阶段。《中国人伦学说研究》在儒学伦理思想总论中阐释过宋明道学的公私观、理欲观、义利观、知行观，但阐释得不够充分，需要进一步充实。

第五节　中国非儒伦理文化研究[①]

中国传统伦理思想的主干是儒家伦理，但除了儒家伦理之外，还有非儒伦理。非儒伦理具有异端的色彩，也具有丰富的内容。龙江中国伦理思想史研究的一个特色就是对这一领域进行了开拓。这主要体现在柴文华著的《中国异端伦理文化》（哈尔滨工程大学出版社 1994 年第 1 版，2007 年第 2 版）和柴文华、马庆玲、姜华著的《中国非儒伦理文化》（黑龙江科学技术出版社 2002 年版）中。这两部著作体现出了研究领域的拓展、对异端的双维评价等。

---

① 本节由于跃执笔，柴文华修改。

一、研究领域的拓展

在中国传统伦理思想的研究中，有一种把中国传统伦理文化儒家化的倾向，即将儒家伦理等同于中国传统伦理。《中国非儒伦理文化》认为这种观点值得商榷。《中国非儒伦理文化》不反对中国传统伦理文化以儒家伦理文化为主这一观点，但反对将二者等同起来："作为一个流动而丰满的存在，中国传统伦理文化的走向并非单一的，单一的儒家伦理文化并不等同于具有多维内蕴的中国传统伦理文化。由儒家伦理文化所推导出的关于中国传统伦理文化的基本精神和特征至少是不全面的。要想接近和描述中国传统伦理文化的'原型'，绝不能忽视非儒伦理文化的存在。换句话说，深入研究非儒伦理文化的内容，是全方位、多角度认识和把握整个中国传统伦理文化真实面貌的必要条件，有之不必然，无之必不然。"① 基于这种认识，《中国非儒伦理文化》探讨了道家伦理、墨家伦理、法家伦理、魏晋异端伦理、道教伦理、佛教伦理、启蒙伦理等，揭示了它们与主流的儒家伦理的异同点，丰富了中国伦理思想史研究的内容。

二、语言形象化

在《中国非儒伦理文化》的原型《中国异端伦理文化》中，作者本着"溶盐于水"的原则，尽量把严肃的主题放置在轻松活泼的文字氛围中。因此，《中国非儒伦理文化》在文字表述上刻意追求生动形象化。首先，这能够从每一节的标题中看出来，如"平民人格""梦幻自由""棺

---

① 柴文华、马庆玲、姜华：《中国非儒伦理文化》，黑龙江科学技术出版社2002年版，第5页。

匠之心""抱琴半醉""互补道儒""穷酒尽色""一毛不拔""成仙有望""苦海无边""以情抗理"等。其次，运用活泼的语言文字，概括出每一节的主要内容。例如，"人的世界五彩缤纷，异端的存在并不可怪"①；"再甜美的梦留下来的也只能是惋惜"②；"尖刻中有坦直，公正中有毒辣"③；"无力驱散重重的黑雾，却可以闭上双眼沉默、诅咒、幻想"④；"酒色之徒也曾有自己的理论旗帜"⑤；"吝啬的赞歌，自私的理性"⑥；"渺茫中的美妙，荒唐中的逻辑"⑦；"世俗生活的一块魔镜"⑧；"人类的理性像云朵，它可以随风飘向任何时代"⑨；"渗透本土气息的个性觉悟"⑩；"个人主义的逻辑提升"⑪；"感性主义的近代洗练"⑫ 等。

---

① 柴文华：《中国异端伦理文化》，哈尔滨工程大学出版社 1994 年版，第 29 页。

② 柴文华：《中国异端伦理文化》，哈尔滨工程大学出版社 1994 年版，第 45 页。

③ 柴文华：《中国异端伦理文化》，哈尔滨工程大学出版社 1994 年版，第 64 页。

④ 柴文华：《中国异端伦理文化》，哈尔滨工程大学出版社 1994 年版，第 76 页。

⑤ 柴文华：《中国异端伦理文化》，哈尔滨工程大学出版社 1994 年版，第 88 页。

⑥ 柴文华：《中国异端伦理文化》，哈尔滨工程大学出版社 1994 年版，第 100 页。

⑦ 柴文华：《中国异端伦理文化》，哈尔滨工程大学出版社 1994 年版，第 109 页。

⑧ 柴文华：《中国异端伦理文化》，哈尔滨工程大学出版社 1994 年版，第 128 页。

⑨ 柴文华：《中国异端伦理文化》，哈尔滨工程大学出版社 1994 年版，第 145 页。

⑩ 柴文华：《中国异端伦理文化》，哈尔滨工程大学出版社 1994 年版，第 151 页。

⑪ 柴文华：《中国异端伦理文化》，哈尔滨工程大学出版社 1994 年版，第 166 页。

⑫ 柴文华：《中国异端伦理文化》，哈尔滨工程大学出版社 1994 年版，第 175 页。

三、对异端的思考

中国非儒伦理文化亦可称为中国异端伦理文化，这就涉及异端及对其进行评价的问题。《中国非儒伦理文化》立足于唯物辩证法两点论，对异端及其伦理文化进行了价值判断。

（一）对异端的界定

《论语·为政》："攻乎异端，斯害也已。"在孔子生活的时代，儒学还不存在我们今天所说的正统与异端的区别，因此，《论语·为政》中的异端应该是指与孔子的观念不同的一些观念。杨伯峻在解释"攻乎异端，斯害也已"这句话中的异端时说："孔子之时，自然还没有诸子百家，因之很难译为'不同的学说'，但和孔子相异的主张、言论未必没有，所以译为'不正确的议论'。"[①] 朱熹引范氏注曰："异端，非圣人之道，而别为一端，如杨、墨是也。其率天下至于无父无君，专治而欲精之，为害甚矣！"[②] 这里所说的异端显然是指与孔子的主张及其儒学不同尤其是相悖的其他学派的学说和主张，其核心是与儒家的圣人之道相对立。那么，儒学的正统和异端怎么理解呢？儒学的正统是儒家的道统及其所传之道。按照韩愈的观点，儒家的传道系统由尧、舜、禹、汤、文、武、周公、孔子、孟子构成，其所传的是儒家的内圣外王之道，而体现内圣外王之道的儒家的圣人，能够做到修身、齐家、治国、平天下，那么偏离或反对儒家的道统及其所传之道的应该是儒学异端。

---

① 杨伯峻：《论语译注》，中华书局 2015 年版，第 26 页。
② 朱熹：《四书章句集注》，中华书局 2011 年版，第 58 页。

（二）异端的存在

有正统，必有异端，二者如影随形。《韩非子·显学》曾经说过，孔子后的儒家八派，都认为自己才是孔子和儒家真正的继承人，这实际上就有争正统的色彩。如果想使自己一派成为正统，就必须证明他派非正统，非正统即儒学异端。萧萐父指出："儒门多杂，发展数千年，也产生过'儒门异端'，诸如先秦儒家八派中，漆雕开之儒，就被孟、荀所斥，而章太炎特表彰之称为'儒侠'。又汉初传经之儒如申培公、辕固生、赵绾、王臧、眭孟、盖宽饶等，皆被迫害诛杀，比之公孙弘、董仲舒等，当属儒门'异端'……有王充、王符、仲长统以及杨泉、鲍敬言、列子杨朱篇作者等……唐末，黄巢起义前后，有皮日休、罗隐、谭峭、吴能子等（唐末及五代还有许多小'子书'，如《山书》《豢龙子》……）。宋末、元末都有异端作者涌出，如《伯牙琴》《草木子》《郁离子》等等……明末……有大批'异端'人物。"① 这说明在中国思想史上，异端、儒学异端是存在的。

（三）对异端的评价

恰当的评价必须注意到被评价对象的正负两面，评价异端亦应如此。

首先，门户所导致的正统和异端之争增加了人们认知上的困扰，在这一点上，方东美有过较为全面的论述。方东美指出，宋、元、明、清时期，尤其是两宋时期，儒门有一个很奇怪的现象，那就是他们都以孔孟真传自居，互斥异端，彼此攻讦，争夺正统，比如朱陆异同、程朱陆王之争等。对外，他们把墨、老、庄、佛、禅皆视为异端邪说，在批判时毫不留情。"如今研究起来，确是头绪纷繁；对他们要作适当的评价，

---

① 柴文华：《萧萐父先生的船山学研究——纪念萧萐父先生诞辰90周年》，载《船山学刊》2014年第4期。

也是非常困难的事。何况他们党同伐异，彼此否定，当然是尤增困扰了。"①

其次，正统和异端之争成就了不同的哲学思想和见解，丰富了中国思想史的内容。中国五千年的文化，如果只有一种色彩，就会显得格外单调。而历史的事实是，中国思想文化是色彩斑斓、丰富多彩的，其中异端也功不可没。先秦百家争鸣，当时无所谓正统和异端，但为以后的正统和异端奠定了基础。汉代"罢黜百家，独尊儒术"之后，儒学、名教逐渐成为思想界的主流，但好景不长，魏晋南北朝时期、隋唐时期，随着佛教和道教的发展，中国传统思想文化进入儒释道既论争又彼此影响的漫长阶段，其中有血与火的拼争，也有冰与水的交融。宋、元、明、清时期，"新儒学"崛起，儒学成为历史和思想真正的中心。而其中始终有异端的流星闪过。司马迁与其父一样，重视黄老，被班固指责为"是非颇缪于圣人"；谶纬儒学之际，王充、桓谭等疾虚妄，辟怪诞，非圣无法；玄学异端嵇康非毁典谟，以六经为污秽，以仁义为臭腐，壮怀激烈，死而不悔；李贽以颠倒千万世之是非的勇气提出了"童心"说，被斥为异端之尤。在儒学之外，《列子·杨朱篇》等提出了穷酒尽色的感性主义享乐论，以及一些其他的怪论。诚然，这些异端有过激的成分，但是它们的存在为中国思想文化增添了不一样的色彩，丰富了中国思想文化的内涵。

最后，异端的存在推进了儒学的发展，增加了中国传统思想文化的内在生命力。徐复观在谈传统的稳定性和变动性时，曾经提出了一个经典之喻，即长江和汉江之喻。他认为，传统就像长江一样，奔涌向前，奔流不息，而这得益于像汉江一样的无数支流的不断加入。起初两江相遇时，波涛汹涌，但经过了一段时间之后，二者相互融合，汉江水成为长江水的一部分。异端给予正统的碰撞，会使正统发现自身的漏洞，从而矫正自身，完善自身，增加自身的生命活力。被劳思光斥为"歧途"的荀学的出现，具有批判百家的勇气和包容百家的胸怀，在许多方面超

① 方东美：《新儒家哲学十八讲》，中华书局2012年版，第3页。

过了孟学，把先秦儒学推上了理论的巅峰。而儒释道的相黜与互补更是催生了"宋明道学"，大大推进了儒学的新发展。

四、有待深入思考的问题

《中国非儒伦理文化》对中国异端伦理文化进行了初步探讨，但是有一些问题需要进一步思考，其中的核心问题就是异端伦理文化的范围问题。在《中国异端伦理文化》中，作者把异端伦理文化界定为"与正统儒家伦理价值体系相离、相悖的非正统和反正统的伦理学说"①。这种界定的范围是比较宽的，也就是说，异端伦理文化既包括儒家以外的所有学派，又包括儒家内部的异端学说。这里有两个问题需要进一步思考。第一，儒家以外的学派的伦理学说与儒家伦理文化并非截然对立的，有互补的成分，如儒道的互补、儒墨的互补、儒法的互补、儒释的互补等。这些互补的内容如何界定，算不算异端伦理文化的内容？第二，正像儒家自身有异端一样，佛教、道教等各派也争正统。我们在确认异端伦理文化的内容时，如何对待内部的正统和异端？异端伦理文化是一个整体，学界还未给予足够的关注，因此上述问题只能在进一步研究的过程中逐步解决。

---

① 柴文华：《中国异端伦理文化》，哈尔滨工程大学出版社 1994 年版，第 29 页。

结 语

中华民族是礼仪之邦，创造了丰富的伦理文化。百余年来，在中国社会转型过程中，以儒家伦理文化为核心的中国传统伦理文化曾在某些阶段被忽视甚至被边缘化。当然，从 20 世纪 80 年代以来，包括中华优秀传统美德在内的中华优秀传统文化受到了越来越多的关注，中华优秀传统文化对当代社会的影响已经成为"实然状态"。在这种"柳暗花明"的大背景下，进一步挖掘和弘扬中华优秀传统美德成为历史发展的必然趋势。

对中国伦理思想发展历史的研究是弘扬中华优秀传统美德的必要工作，百余年来，尤其是 20 世纪 80 年代以来，取得了丰硕的成果，龙江的中国伦理思想史研究也在其中占有一席之地。由张锡勤先生带领的龙江中国伦理思想史研究团队在刚刚进入 20 世纪 80 年代时，就出版了最早的断代类著作《中国近现代伦理思想史》，还陆续出版了一些研究著作。研究著作涉及内容广，有资料类、范畴类、通史类、断代类、道德生活类、问题专题类等。正像本书绪论所提到的那样，龙江的中国伦理思想史研究开创了我国几个第一，为龙江的文化建设做出了重要的贡献。

我们选择龙江的中国伦理思想史成果作为研究对象，有如下几点考虑。一是为了纪念张锡勤先生。张锡勤于 1939 年出生于江苏省扬州市，1961 年毕业于北京师范大学历史系，曾任黑龙江大学哲学学院、中国近现代思想文化研究中心教授，博士生导师，兼任国际中国哲学会学术顾问、国际儒学联合会学术委员、黑龙江省哲学学会荣誉会长等职。2016

年 4 月 30 日，张锡勤不幸逝世。张锡勤是国家教学名师、中国思想史家、中国伦理思想史家，在中国近代思想文化史、中国伦理思想史等领域成就斐然、贡献卓著。张锡勤引领了龙江的中国伦理思想史研究，并取得了丰硕的成果。为了纪念张锡勤先生，记录这段历史，我们选择了这个课题。二是为了弘扬龙江文化。本书绪论提到，龙江文化分为"龙江的文化"和"在龙江的文化"，"龙江的文化"需要弘扬，"在龙江的文化"也应该得到认真总结。总结"在龙江的文化"对于我们认识、把握、弘扬整个的龙江文化具有重要意义。三是挖掘和弘扬中华优秀传统美德。中华优秀传统美德是一种历史和事实存在，但它需要进行解读和阐释。我们开展中国伦理思想史的研究，就是要挖掘中华优秀传统美德的"源头活水"，为当代中国的道德建设提供优质的本土资源，为实现中华民族伟大复兴的中国梦尽一份力。

需要指出的是，龙江的中国伦理思想史研究虽然取得了一些成绩，但与其他地域的中国伦理思想史研究相比还存在不小的差距，我们会虚心学习，争取做得更好。

附录

《张锡勤文集》总序①

① 作者为柴文华，选自《张锡勤文集》。

　　《张锡勤文集》行将陆续面世，谨遵恩师张锡勤先生生前之命斗胆为之序。

　　先生 1939 年 7 月 10 日出生于江苏省扬州市，1961 年毕业于北京师范大学历史系，曾任黑龙江大学哲学学院、中国近现代思想文化研究中心教授，博士生导师。兼任国际中国哲学会学术顾问、国际儒学联合会学术委员、黑龙江省哲学学会荣誉会长等职，2016 年 4 月 30 日不幸逝世，享年 77 岁。

　　先生是国家教学名师、中国思想史家、中国伦理思想史家，在中国近代思想文化史、中国伦理思想史等领域成就斐然、贡献卓著。

一

　　先生做人诚实、宽厚、谦虚，做事勤奋、认真、严谨，是涵养于身、精进于业的人格典范，是兼备德才、含融诗礼（"诗意"指趣味高尚，知道美的欣赏；"礼意"指内有和悦的心情，外有整齐的品节）的儒者，这是每一位熟悉先生的人都有的共同感受。

　　先生在他的《中国传统道德举要·后记》中把自己的寓所命名为"双知双淑斋"，"双知"即生活上知足、学业德业上知不足，"双淑"即淑身、淑世。可以说，"双知双淑"不仅是先生深刻的生存体悟和理性结晶，也是他塑造自身的价值尺度和行为规范，具有典型的中国人气味，代表着纯粹的中国文化，展现出中华民族的传统美德。先生正是以其对"双知双淑"的躬身践履为我们树立了一个做人、做事的典范。

先生曾说过，教书是为了育人。但育人不仅是向学生传授知识，更重要的是要教他们如何做人、做事。在这一点上，教师以身作则、潜移默化的影响是非常重要的。试想，自己不能为人师表，又如何去要求学生？先生母校北京师范大学的校训是"学为人师，行为世范"，这应是教师的座右铭。先生虽没有惊天动地的壮举，但他的人格魅力却在平淡而真实的日常生活中缓缓地流淌出来，影响和感动着周围的每一个人。"能做的事情自己做"，"尽量不去麻烦别人"，"以爱己之心爱人，以责人之心责己"是先生做事的原则。先生身体孱弱，但从来都拒绝学生帮他拎包，每次入院都不肯惊动别人，在隐瞒不住的情况下，对试图前来探视的学生、同事、领导等也尽量阻拦，不肯因为自己而耽误了他人的学习和工作。而先生自己却时时处处替他人着想，不管什么人去拜访，先生都热情接待，答疑解惑，从不推辞。自1987年招收第一届硕士生开始，对于这些异地求学的学生们，先生都极尽关心，为了让他们感受到家庭的温暖，先生每到元旦，都会把学生们请到家里，自己亲自下厨，弄上一桌可口的年饭招待大家，师生一起，谈笑风生，其乐融融，这样的场景深深留在了每一位学生的心中。2004年，先生的一位山东籍学生因病住院两月有余，身边没有人照顾，先生承担起了为人师、为人父的责任，医院的伙食条件有限，为了保证营养和口味，先生制定菜谱，并亲自下厨，在家把饭做好，一日三餐，有菜有汤，从未间断，这种对于学生的爱是无私的、真挚的。

先生做人方面的诚实、宽厚、谦虚使他成为一个好儿子、好丈夫、好父亲、好老师、好同事……但先生并不是那种"独善其身"的人，他也常常"兼济天下"。先生曾经说过，人民用血汗养育了我们，我们所做的一切应该有益于人民，有益于社会。他担任过哲学系主任，中国文化思想史研究所所长，兼任国际中国哲学会学术顾问、国际儒学联合会学术委员等职，并多次参加过不同层次的评定职称和评奖工作，以及其他社会活动，勤勤恳恳地为社会尽自己的义务。

先生在平凡的工作中彰显着伟大的情怀，在朴素的生活中体现出崇高的风骨，得到了人们的爱戴和社会的肯定，2001 年被评为黑龙江省优秀共产党员，2007 年被评为龙江道德模范人物，2008 年被授予龙江文化建设终身成就奖。

二

先生 20 世纪 60 年代初被分配到黑龙江大学，半个多世纪以来一直工作在教学第一线，培养了大批高素质的人才，为祖国的教育事业做出了重要贡献。

先生为本科生、硕士研究生、博士研究生分别开设过"中国哲学史""中国政治思想史""中国伦理思想史""中国哲学史专题""中国近代哲学""中国哲学史史料学""中国哲学史原著选读""中国近代的社会思潮与文化""中国传统道德范畴"等课程，共培养博士生 30 余人、硕士生 20 余人，还有不计其数的本科生。

先生的基本教育理念是"不误人子弟"。先生从小就听过父辈讲的一个故事，并把这个故事讲给学生们：从前有个庸医，总是乱给病人开药方，因此害死了很多人。庸医死后被打入第十八层地狱，庸医因此愤愤不平，却听到脚下还有声音，庸医疑惑怎么还会有第十九层地狱，一问才知道打到第十九层地狱的是误人子弟的教师。足见，误人子弟的教师比害死人的庸医还要坏，受到的惩罚更为严厉。先生常说："木匠做桌椅做坏了可以重做，但教师把人教坏了就是一辈子的事了。"先生认为，要做到不误人子弟，关键要很好地练"内功"，教师自己"不像样"，很难让学生"像样"，要想圆满地回答学生所提出的问题，自己必须有丰厚的学问积累。先生把这种理念贯彻到日常的教学实践中，博览群书，深研专业，认真备课，循序引导，生动讲授，耐心解答，深受广大学生的欢迎和爱戴。

为了不断提高教学质量，先生很重视教材建设和教学研究。1988年出版的《中国近代思想史》一书荣获黑龙江省高等学校优秀教材一等奖，并于1992年出了台湾版，先后被华东师范大学、齐齐哈尔大学和台南师范学院等多所高等院校采用为本科教材。2004年出版的《中国近代思想文化史稿》一书被教育部确定为"2004—2005年度全国研究生推荐教材"。2009年至2014年，先生作为首席专家，带领来自南京大学、湖南师范大学、黑龙江大学、中国人民大学、中南大学、东南大学、厦门大学、清华大学等高校专家组成的团队，承担并顺利完成教育部哲学社会科学研究重大课题攻关项目暨马克思主义理论研究和建设工程重点教材编写专项项目"中国伦理思想史"，2015年2月由高等教育出版社出版，为全国高校提供了一部高质量、规范化的优秀教材。

在教学研究方面，先生的项目"教学·科研·育人相结合，促进教学质量提高"1989年荣获黑龙江省优秀教学成果一等奖，另一项目"多渠道培养研究生独立研究能力"1991年又荣获黑龙江省优秀教学成果一等奖，这表明先生在教学理论和实践方面取得了高水平的研究成果。

此外，先生是黑龙江大学中国哲学学科的创始人和带头人，为学科发展做出了杰出贡献。在先生的带领下，学科1986年获得硕士学位授予权，2000年获得博士学位授予权，2003年开始招收博士后，2009年以中国哲学学科为核心力量的黑龙江大学中国近现代思想文化研究中心获批为黑龙江省高校人文社科研究重点基地。先生一直重视课程建设、教学团队和科研团队的建设。由先生作为主持人的"中国哲学史"课程2008年被评为国家级精品课程；由先生作为负责人的中国哲学教学团队于2009年获批为国家级核心课程教学团队；由先生作为带头人的中国哲学研究生团队于2009年获黑龙江省优秀研究生指导团队。

正因为先生长期在教学一线辛勤耕耘，成绩突出，所以获得了许多荣誉。1991年被评为全国优秀教师，2008年被评为全国教学名师，从1992年起享受国务院特殊津贴。这表明先生为我国高等教育做出了重大贡献，是实至名归的名师。

三

先生长期从事中国近代思想史的研究，其成果可以分为三类：第一是对中国近代思想文化史的贯通研究，以《中国近代哲学简史》（以下简称《简史》）、《中国近代思想史》（以下简称《史》）、《中国近代思想文化史稿》（以下简称《史稿》）为代表；第二是对中国近代思想文化史的专题研究，以《中国近代的文化革命》（以下简称《革命》）、《戊戌思潮论稿》（以下简称《论稿》）、《儒学在近代中国的命运》（以下简称《命运》）为代表；第三是对中国近代思想文化史的个案研究，以《梁启超思想平议》（以下简称《平议》）为代表。

（一）对中国近代思想文化史的贯通研究

先生对中国近代思想文化史的贯通研究可以概括为"三部曲"：第一是起步阶段，以 1980 年出版的《简史》为代表；第二是成熟阶段，以 1988 年出版的《史》为代表；第三是巅峰阶段，以 2004 年出版的《史稿》为代表。

1.《简史》

《简史》虽然是字数不足 20 万的小册子，但却是先生著作类的处女作。之所以把这部书称作先生中国近代思想文化史贯通研究的一个环节，是因为它在先生整个中国近代思想文化史贯通研究中起到了不可替代的奠基作用。

（1）确立了中国近代思想文化史的大致发展阶段，即鸦片战争时期、太平天国时期、戊戌维新时期、辛亥革命时期、新文化运动时期。

（2）确立了中国近代思想文化史上的主要代表人物，即龚自珍、魏源、洪秀全、曾国藩、康有为、梁启超、谭嗣同、严复、孙中山、章太炎等。

（3）确立了马克思主义的指导原则和评价尺度，即运用历史唯物论的基本原则和方法研究中国近代思想文化史。尽管先生后来的研究成果在内容上大大拓展了，但在阶段划分、人物筛选、理论立场方面与《简史》大体一致。

2.《史》

之所以把《史》称作先生中国近代思想文化史贯通研究成熟阶段的代表作，主要原因一是这部书体系更为完整，内容更为丰富，二是先生在这部书中提出了自己的中国近代思想史观。

《史》约43万字，与《简史》相比有较大的拓展和细化。

从总的框架来看，增加了"19世纪60年代至90年代洋务派、顽固派和早期维新派的思想"一章，把新文化运动时期由一节扩展为一章。

从新增加的具体内容来看，主要包括汪士铎的思想、洋务派的思想、早期维新派的思想、唐才常的思想、诗界革命、史界革命、道德革命、邹容的思想、陈天华的思想、革命派中的无政府主义思潮、蔡元培的思想、宋教仁的思想、朱执信的思想等。

从原有人物和内容来看，都或多或少有所细化。如龚自珍、魏源、曾国藩、康有为、严复、谭嗣同、梁启超、孙中山、章太炎、陈独秀、李大钊等。

先生在《史》中明确提出了自己的中国近代思想史观，这是先生长期从事中国近代思想史研究所总结出来的理论结晶。

（1）"主题说"

其认为中国近代思想史的主题是"推翻帝国主义和封建主义的统治，拯救、改造中国，使中国走向独立富强，使人民摆脱苦难"[1]。这一概括符合中国近代思想史的实际，中国近代思想家都是围绕着民族解放和中

---

① 张锡勤：《中国近代思想史》，黑龙江人民出版社1988年版，第3页。

华振兴这个主题去思考问题的。

（2）"寻路说"

其认为谈"变"是中国近代思想界的共同话题，但由于阶级、阶层、派别的不同，人们对"病症"的诊断、"药方"的内容、蓝图的绘制是不同的，因此，"一部中国近代思想史，形象一点说，可以称得上是一部先辈们寻找中国前途出路的'寻路记'"①。这个寻路历程大体经历了鸦片战争、太平天国、洋务运动、戊戌维新、辛亥革命、五四前的新文化运动六个历史阶段，相应地出现了六种不同的社会思潮。民族危机和民族文化的危机凸显了"中国向何处去""中国文化向何处去"的时代疑问，尽管各家各派提出的方案不同，但都是在探寻民族解放和中华振兴的路径，所以先生"寻路记"的说法既准确恰当，又生动形象。

（3）"斗争说"

其认为中国近代思想领域的斗争比中国历史上任何一个时期都要尖锐复杂，充满了变与不变的争论："'用夷变夏'与'用夏变夷'之争，革新与守旧之争，革命与改良之争，体用本末之争，民主与专制之争，科学与迷信之争，对外抵抗与对外妥协之争，'以农立国'与'工商立国'之争，尊孔与反孔之争，新道德与旧道德之争，学校与科举之争，新文学与旧文学之争，新史学与旧史学之争，唯物论与唯心论之争，辩证法与形而上学之争，反映论与先验论之争……"② 既然存在着不同的思想派别，其间的争辩是难以避免的，先生对各种争论的概括涉及政治、经济、文化、道德、教育、历史、文学、哲学等领域，较为全面。

（4）"西学东渐说"

其认为从鸦片战争到五四运动，中国思想界的主流是学习西方，一

---

① 张锡勤：《中国近代思想史》，黑龙江人民出版社 1988 年版，第 3 页。

② 张锡勤：《中国近代思想史》，黑龙江人民出版社 1988 年版，第 4 页。

部中国近代思想史从某种意义上说乃是"西学东渐"史。但中国近代思想家向西方寻求真理的目的是救亡图存、振兴中华，具有浓郁的爱国情怀。中华文化曾是代表农业文明的先进文化，所以在历史上总是同化异族文化，没有遭遇到真正的危机。但当一种文化碰到另一种比自己更先进的文化时，其结果往往是悲剧性的。所以当中国传统文化遇到西方近代文化以后，其落后性就凸显出来，被西方文化碰得落花流水。正是在这种背景下，中国人走上了由被迫到自觉学习西方文化的道路。先生认为这种学习体现了爱国主义精神，的确是不刊之论。

（5）"三阶段说"

其认为近代中国人学习西方经历了三个阶段：一是从"物"的方面学习西方，主要是工艺技术、军火武器制造等，以洋务派为代表；二是从"制度"层面学习西方，包括经济体制和政治制度等，以维新派和革命派为代表；三是从"文化"方面学习西方，提倡民主主义的新文化、新思想、新观念，以激进民主主义者为代表。"三阶段说"发轫于梁启超，先生丰富和发展了这一学说。

（6）"反省说"

其认为中国近代思想家用两点论看待西方文化，在主张学习西方的同时也不断反省西方文化，既看到其优长，又指出其缺陷，从而探寻一种中西融合的可能道路。先生所说的是中国近代思想史的事实，除了激进主义西化派即全盘西化论者有意回避西方近代文化的短处，绝大多数思想家都能反思西方近代文化，这是理智和清醒的表现。

（7）"三次觉醒说"

其认为"一部中国近代思想史就是苦难的中国人不断觉醒的历史"[①]。在西方列强的枪炮声中，先进的中国人认识到了自己的落后，

---

① 张锡勤：《中国近代思想史》，黑龙江人民出版社 1988 年版，第 11 页。

主张学习西方，进行变革，这是第一次觉醒；在学习西方的过程中，发现了西方文化的矛盾和弊端，并试图对之进行改良，使其进一步完善，这是第二次觉醒；然而，前两次觉醒所实施的方案均以失败告终，"正是在这种历史背景下，中国人民接受了马克思列宁主义，走向了社会主义道路"①，这是第三次觉醒，而且是"近代中国人新的、更伟大的觉醒"②。这种观点是对中国人觉醒历程的动态描述，体现了不断追求真理的自觉性。

（8）"启蒙和思想解放说"

其认为"在整个中国思想史上，近代是一个新旧交替的大变化时代，是一个启蒙和思想解放的时代，地位十分重要"③。在这一时期，出现了哲学变革、道德革命、文学革命、史界革命、圣贤革命等思潮，其中最突出的是哲学变革。中国近代的思想家们一方面引进、吸收西方的某些自然科学和哲学理论成果，一方面批判改造中国传统哲学资源，在此基础上建构了一种不同于古代哲学的新的哲学形态，但又是一种新旧中西杂凑的，并非完全是近代的，也非完全是西式的。中国近代的哲学变革是为救亡图存、振兴中华提供理论支撑的，具有浓郁的现实感，这是它的优点，但同时也带来了粗浅、杂乱、不成体系的缺点。中国近代哲学的一个核心特点是主观唯心论色彩比较突出，大都夸大了"心力"的作用。与哲学变革相同步的还有道德革命，即反对中国传统道德，提倡西方以"自由""平等""博爱"为中心的道德理念，这对当时的中国社会产生了重要影响，但道德革命不论在破旧方面还是在立新方面都是不彻底的。中国有着自身的启蒙思想史，明清之际出现了内生的早期启蒙思潮，表现出初步的批判意识、个性意识、民主意识、科学意识。而近代则是在"西学东渐"背景下更大规模的思想启蒙，先生所说的各种变革、

---

① 张锡勤：《中国近代思想史》，黑龙江人民出版社 1988 年版，第 11 页。

② 张锡勤：《中国近代思想史》，黑龙江人民出版社 1988 年版，第 11 页。

③ 张锡勤：《中国近代思想史》，黑龙江人民出版社 1988 年版，第 11 页。

革命即是思想启蒙的具体表现。

3.《史稿》

《史稿》是对中国近代思想史研究的进一步拓展和提升，也是先生这方面的巅峰之作。在这部著作中，先生不仅增加了许多新内容，也对中国近代思想史观有所补充和发展，并丰富了自己的中国近代文化史观。

（1）增加的新内容

诚如先生在此书后记中所说，《中国近代思想文化史稿》是在《中国近代思想史》的基础上改写、扩充而成的。原书为 33 节，现扩为 53 节，字数则由原来的 40 余万扩为近 80 万。

具体来讲，增加的新内容主要包括：包世臣、姚莹等人的思想，《海国图志》《瀛环志略》等书对西方社会、文化的介绍，郭嵩焘的思想，冯桂芬的思想，王韬的思想，薛福成、马建忠的思想，郑观应的思想，陈炽的思想，各种"出使日记"、游记对西方社会文化的介绍，《万国公报》的基本思想倾向及其对西学的传播，"西学中源"说，"中学为体、西学为用"论，麦孟华的思想，宋恕的思想，何启、胡礼垣的思想，戊戌时期的文化革新，革命派的文化批判与文化建设、文化革新的继续，革命派中的国粹主义，立宪派与清政府在"立宪"问题上的争论，新文化运动对戊戌、辛亥时期思想启蒙、文化革新的继承与超越，批判、创新——五四新文化运动的根本精神，民主观，科学观，道德革命，文学革命，对国民性改造的关注，等等。从增加的新内容来看，其重点是早期维新派代表人物的思想和新文化运动时期的文化革命。新内容的增加，使得《史稿》一书的内容格外厚重。

（2）对中国近代思想史观的补充发展

A. 对中国近代思想文化面貌的描述

先生认为中国近代思想文化领域百家争鸣、百花齐放，这在中外思想文化史上是罕见的。因为这一时期，不仅各色西方学说思想广泛流行，而且沉寂多年的先秦诸子学、今文经学、佛学、陆王心学，以及明清之际诸大家的学说也盛极一时，先后复兴。可以说是中西交汇，古今交错，异彩纷呈，思潮迭起，足以令人眼花缭乱，目不暇接。[①] 先生对中国近代思想文化史面貌的描述是符合实际的，中国近代思想文化领域的"百家争鸣"堪与先秦和现代（1919—1949）的"百家争鸣"相媲美。

B. 学习西方的"三阶段说"是相对的

对于中国人学习西方的历程，梁启超的看法得到了多数学者的认同。应当指出的是，"三阶段"的划分是相对的，是就主流而言的，我们对此不能做机械的分割。事实上，"三阶段"是存在着一定程度的交叉的。在第一阶段，从魏源、徐继畬直到洋务派的某些成员，已经注意到西方的政治、经济制度，并程度不同地表现了向往之情。在第二阶段，严复、梁启超等人已经开始介绍西方的价值观念，并关注其对中国文化心理结构的改造。而此阶段仍然继续从物质层面学习西方。在第三阶段，仍然继续从物质、制度层面学习西方。原因在于文化系统是一个整体，它的影响也是整体性的，中国人对它的认识不可能是单一的。[②] 先生对"三阶段"关系的看法是深刻的，体现了普遍联系和具体问题具体分析等基本原则。

C. 转型概念的引入

新世纪前后，先生吸收了学界的一些研究成果，集中体现在引入了转型的说法。先生指出，自强是百余年来中华民族的基本出发点。所谓自强，就是通过自身的努力奋斗，使中华民族由弱变强，它是中华民族渡过难关的精神支柱。鸦片战争以后，自强是诸多政治派别的共同口号。要自强，必须变革。而变革不应是枝枝节节的"小变"，而应是全盘的"大变"。所谓"大变""全变"就是实现社会转型，即中国由农业文明向工业文明转型，由专制政治向民主政治转型。维新派的一些思想家已

---

① 张锡勤：《中国近代思想文化史稿》，黑龙江教育出版社 2004 年版，第 4 页。
② 张锡勤：《中国近代思想文化史稿》，黑龙江教育出版社 2004 年版，第 7—8 页。

经注意到，在社会转型即近代化的过程中，人的近代化至关重要。从根本上说，没有一代"新民"，即近代化的新人，便不可能真正实现近代化。由此，他们又提出了提高全民素质、改造国民性的任务。① 先生所说的转型与现代化密切相关，中国近代社会的转型是整体性的，经济、政治、社会、人的现代化都内含其中。

D. 对哲学变革的细化

先生进一步指出了中国近代哲学变革的四个重要方面。一是西方近代自然科学的影响。它使中国知识分子增长了新知，扩大了视野，认识产生了飞跃。它为中国近代的哲学变革提供了科学基础，使中国哲学的物质观、天道观、变易观、认识论都发生了明显变化。它养成了中国人的科学精神、科学态度，并了解了科学方法。二是西方哲学和社会科学对中国近代哲学变革的影响更为重要、直接。它给中国思想界带来了新的世界观和方法论、新的思想资料和思维方式、新的哲学意识和观念，以及新的哲学范畴、名词概念。这就为近代中国的哲学变革提供了武器和借鉴，给中国哲学输入了新的成分，带来了新的生机、活力。② 三是中国哲学的自我更新。对中国传统哲学做清理改造、批判继承是近代哲学变革的中心一环。四是中国哲学范畴的变革。这一变革是中国哲学从古代形态向近代形态转型的重要标志。其具体表现在新的范畴、概念的引进，以新的范畴、概念取代旧的，对旧范畴进行改造、充实，赋予新义等。③ 对于中国近代哲学变革的论述已见于《史》，这里谈得更为明晰和具体。

E. 对批判与革新、创新的强调

先生认为，中国近代是一个社会变革、社会转型和文化转型的时代，

---

① 张锡勤：《中国近代思想文化史稿》，黑龙江教育出版社 2004 年版，第 12 页。

② 张锡勤：《中国近代思想文化史稿》，黑龙江教育出版社 2004 年版，第 21 页。

③ 张锡勤：《中国近代思想文化史稿》，黑龙江教育出版社 2004 年版，第 23 页。

因此批判与革新、创新自然成了中国近代的时代精神。批判与革新、创新精神在近代被激活是时代的需要，同时它又成为推动中国近代社会变革和近代化进程的动力。"一部中国近代思想史、文化史，给人以深刻印象和强烈震撼的正是这种批判与革新、创新精神。对于一个国家、民族而言，自觉的批判意识与革新、创新精神是最可宝贵的，它是社会生机与活力的源泉。"① 批判与革新、创新在鸦片战争前后开始呈现复苏迹象。戊戌维新之后，批判与革新、创新精神被明显激活。到五四新文化运动时期，批判与革新、创新精神被高度弘扬，造成了更大的社会影响。中国近代思想家所从事的批判是相当深刻的，他们把一切都推向理性的审判台。这种批判的彻底性势必使革新、开新、创新精神进一步张扬、深化。经过几代人的呼吁提倡，特别是经过几十年社会变革、文化革新的实践，批判、创新逐渐成为时代精神，这是值得我们重视的。说到启蒙，过去人们往往只看到自由、平等、博爱、民权、民主观念的宣传、灌输，其实更根本的应是批判与革新、创新精神的激活和自主理性的建立。"正是这一精神的激活，长期存在于国人中的无比巨大的历史惰性才遭到猛烈冲击，古老的中国才再也无法继续维持那僵滞的旧秩序。由此，激活了中华民族的生机、活力，推动了中国近现代社会的新陈代谢，亦即中国近代化、现代化的进程。"② 但在批判与革新的实践中也出现了一定程度的偏颇。这是先生对中国近代精神新的概括，突出了批判和创新的重要价值。

（3）丰富了中国近代文化史观

1992 年，先生著有《中国近代的文化革命》一书，在这部书中，先生初步提出了自己有关中国近代文化史观的一些观点。先生认为，中国

---

① 张锡勤：《中国近代思想文化史稿》，黑龙江教育出版社 2004 年版，第25 页。

② 张锡勤：《中国近代思想文化史稿》，黑龙江教育出版社 2004 年版，第28 页。

近代的文化革命就是对中国传统文化做"革故更新"的变革，是一场旨在使中国文化近代化的文化革新、文化重建运动。① 这场运动是"西学东渐"的结果，有着深刻的经济、政治原因，也是出于救亡图存、振兴中华的时代需要。中国近代的文化革命是近代的一批有识之士为了挽救文化危机，进而挽救民族危机而进行的一场伟大的文化重建运动，是为了向新的世纪过渡而在文化上所做的自我调整。它是中国向近代化、现代化迈进的重要一步。这场文化革命和文化重建，从本质上说是新文化与旧文化的斗争，是一次学习西方、大规模地输入西方近代文化的文化输入运动，是中西文化的交流融合的运动，是一次伟大的启蒙和思想解放运动，不论在中国文化史上，还是在中国启蒙运动史以及中西文化交流史上，都是极为重要的一页。

在《史稿》中，先生丰富了自己的中国近代文化史观。

A. 文化转型的原因

先生认为，在中国文化史上，近代是一个文化革新、文化转型的时代。在短短的数十年间，中国的文化结构、文化格局发生了巨大变化，出现了新学、新文化。之所以如此，首先是"西学东渐"的结果。因为西方近代文化与中国传统文化存在明显的时代差，它使中国传统文化相形见绌。鸦片战争后西学的传入，给中国传统文化带来猛烈冲击，使之面临严重挑战。与日俱增的文化危机势必要刺激中国的先进分子寻求中国文化的出路，引发文化革新的要求。但是，中国近代的文化革新与转型，归根到底是近代社会变革的需要和反映。② 先生对中国近代文化转型原因的探讨体现的是社会存在决定社会意识的基本思路，这在《革命》一书中已有较为系统的论述。

B. 文化转型的过程

先生指出，中国近代的文化革新是逐步深入的。大致说来，在戊戌

---

① 张锡勤：《中国近代的文化革命》，黑龙江教育出版社 1992 年版，第 1 页。

② 张锡勤：《中国近代思想文化史稿》，黑龙江教育出版社 2004 年版，第 14 页。

维新之前，改革者们主要是接受西方文化，并没有对中国传统文化的根本方面做触动。[①] 先生辩证分析了当时流行的两个命题。一是"中学为体，西学为用"。先生指出，"中学为体，西学为用"的提出，是要让人们摆正两者的关系，不致因采西学而损害中学的主导地位。不过，既然承认西学有用，并以之"为用"，这就在一定范围内承认了西学的合法地位，也就是认为面对新的历史环境，中学需要西学做补充，实际上是承认了中学在新形势下已显露了它的不足。这些又有利于接纳西学和文化革新。[②] 二是"西学中源"。先生指出，"西学中源"说认为西学源于中学，是中学在西方的流传和发展。因此，今天"采西学"乃是"礼失而求诸野"，是光复旧物。这种缺乏事实根据的文化观固然是抬高中学、贬低西学，旨在维护本土文化的地位、尊严，但它又起到了消解中学与西学内在紧张的作用。"它既将西学等同于中国的古学，视之为中国古学的发展，这在客观上也有利于人们接受西学。"[③] 真正意义上的文化批判与重建，严格说来是始于戊戌。因为戊戌维新的目标是要实现社会转型，它自然要引发文化转型。在戊戌时期，一批维新派思想家开始触及中国传统文化的核心层面。而随着戊戌思潮在"百日维新"失败后进一步深化，到20世纪初，梁启超等人又公开提出了文化革命的口号，明确主张清理、批判旧文化以建立新文化。戊戌时期一些著名的维新派思想家明显表现出与传统儒学的决裂，这在中国思想、文化史上具有重要意义。先生以戊戌维新为界，以对待旧学批判程度为参照，勾勒了中国近代文化革新或转型的历程，其中对"中学为体，西学为用""西学中源"的分析颇具启发意义。

---

① 张锡勤：《中国近代思想文化史稿》，黑龙江教育出版社2004年版，第15页。

② 张锡勤：《中国近代思想文化史稿》，黑龙江教育出版社2004年版，第15页。

③ 张锡勤：《中国近代思想文化史稿》，黑龙江教育出版社2004年版，第16页。

C. 文化激进主义和文化保守主义

先生指出，在文化革新方面，存在着激进主义昂扬的现象。这里的激进主义主要指文化激进主义，对中国传统文化全盘否定，在文化革新中激情压倒理性。这种文化激进主义发源于谭嗣同，在新文化运动时期达到高潮。文化激进主义有它的合理性，它曾使文化革新具有一种前所未有的、坚决的气势，进行得相当彻底，从而使旧思想、旧观念、旧文化遭到巨大、猛烈的冲击。但它同时也滋生了文化上的民族虚无主义，这对中国新文化的建设无疑会带来不良影响。与文化激进主义相对应的是文化保守主义。文化保守主义者并不一概排拒西学，但他们又对那时越来越多的青年知识分子"心醉欧风"的倾向心存忧虑，担心日盛一日的"欧风美雨"危及中国民族文化的主导地位，出现鸠占鹊巢的局面。他们主张在维护中国民族文化主导地位的前提下吸取、接受西学。而对中国民族文化的维护，也不是原封不动的，不做任何触动、改造的。他们也程度不同地承认，中国传统文化中存在某些陈腐、落后、不合时代精神与需要的东西，必须予以清理、革新。至于如何改造中学，前、后期的文化保守主义则有所不同。以戊戌为界，前期的文化保守主义尚只触及表层（如八股、科举、旧习俗等），对其核心层面——纲常与孔孟之道则是维护的。而在戊戌之后，文化保守主义者对中学的批评、改造，则触及了纲常、孔孟之道的核心层面。比如辛亥革命时期的国粹派即是如此。他们实际上是以改造传统的方式来维护传统。[1] 概括而言，文化激进主义更多强调的是文化的时代性和创新性而忽略文化的民族性和传承性；文化保守主义则更多地强调文化的民族性和传承性而忽略文化的时代性和创新性。文化保守主义对于文化激进主义曾起了纠偏、矫正的作用，但对西学的传播、文化革新以及社会变革的深入，也产生了一些消极影响。"相比之下，梁启超、严复以及一些革命党人融会中西古今，反对两种倾向的主张，无疑比较正确、稳健。这种文化观，后来就发展为

---

① 张锡勤：《中国近代思想文化史稿》，黑龙江教育出版社 2004 年版，第20 页。

系统的综合创新论。"① 显然,先生反对文化激进主义和文化保守主义各自的偏向,而主张稳健的中西文化融合说,其中国近代文化观的实质是中西结合的综合创新论。

D. 对文化革新的评价

先生认为,中国近代的文化革新使中国的传统观念发生了深刻变化,初步形成了具有近代意识的文化形态,程度不同地实现了中国文化的创造性转化,使中国文化的面貌为之一新,在中国文化史上开辟了一个新的阶段。但是,在中国近代的文化革新中,始终存在重"破"轻"立"、重批判轻继承的倾向。因受意识决定论的影响,许多改革者又具有文化决定论的倾向,对文化与文化革新的作用做了片面夸大。此外,那种企求速成的急躁情绪、浮躁学风在文化革新过程中也很明显。这些都给近代的文化革新、新文化的建设带来了不利影响。② 先生对中国近代的文化革新持的是一种辩证的态度,既充分肯定了其在中国文化创造性转化中的重要地位,又指出它轻视继承、文化决定及企求速成等所带来的消极影响。

4. 几点思考

先生对中国近代思想史的贯通研究始终是以历史唯物论为诠释框架和评价尺度的,具有史论结合、以史见长、全面系统、内容厚重等特点。

(1) 以历史唯物论为诠释框架和评价尺度

以历史唯物论为诠释框架和评价尺度书写中国思想史开始于郭湛波、侯外庐等,但这不是某个人的个性特征,而是一个时代的特征。

侯外庐领衔撰著的 5 卷本的《中国思想通史》从 1946 年开始历时 10

---

① 张锡勤:《中国近代思想文化史稿》,黑龙江教育出版社 2004 年版,第20 页。

② 张锡勤:《中国近代思想文化史稿》,黑龙江教育出版社 2004 年版,第20—21 页。

年出齐，是中国最早的一部大部头、通史性的中国思想史，从先秦一直写到近代。该书始终以历史唯物论为诠释框架和评价尺度，把中国思想史建立在中国社会史的基础上，以古史考证、历史分析、理论分析、阶级分析、辩证分析等为基本方法书写了中国思想史。张岂之是侯外庐派的传人，1989 年主编有《中国思想史》一书，后来又主编了 9 册本的《中国思想学术史》，贯彻了马克思主义的基本原则和方法论。李泽厚虽然小张岂之 3 岁，但他在中国思想史方面的研究成果出版较早，有著名的三大史论：《中国近代思想史论》出版于 1979 年；《中国古代思想史论》出版于 1985 年；《中国现代思想史论》出版于 1987 年。三论合之为一部中国思想史论，分之为三部断代思想史论。李泽厚是广有影响又争议颇大的人物，但从他的著述中总能感觉到历史唯物论的底蕴，即使是近年来的新著也是如此。他的中国思想史三论也是特定时代的产物，正如他自己所说："时代所给予的各种印痕，从论点、引证到文字，毕竟无可消除。"①

中国近代断代思想史的研究者，可以追溯到民国时期的郭湛波，1935 年他出版有《近三十年中国思想史》，再版时接受冯友兰的建议改为《近五十年中国思想史》，涉及的人物有康有为、谭嗣同、梁启超、严复、章炳麟、王国维、孙中山、陈独秀、胡适、李大钊、吴敬恒、梁漱溟、张东荪、冯友兰、张申府、郭沫若、李达、陶希圣等，它实际上是一部简要的中国近现代思想史。高瑞泉指出："郭湛波认为哲学的发展归根结底是被社会生活尤其是社会经济形态所决定的……就其自身的哲学方法而言……即唯物辩证法和辩证唯物论……将思想史的动因归结为社会史，而不只是思想自身。"② 新中国成立后，石峻、任继愈、朱伯崑编有《中国近代思想史讲授提纲》（1955），侯外庐编有《中国近代哲学史》（1978），各种斗争的味道比较浓郁。除此之外，还有李泽厚的《中国近代思想史论》（1979）、李华兴的《中国近代思想史》

① 李泽厚：《中国近代思想史论》，三联书店 2008 年版，第 499 页。
② 高瑞泉：《智慧之境》，上海古籍出版社 2008 年版，第 51 页。

（1988）等。

先生比之上述提到的新中国成立后的人物年纪尚轻，但其生活的时代、著作出版的年代大体相当，虽然其所著的《简史》《史》《史稿》有变化，但是历史唯物论的基本立场是贯通始终的，也是自觉的。我们可以把先生称为中国思想史研究马克思主义化阶段的杰出中国思想史家。应当说，用历史唯物论作为诠释框架和评价尺度研究中国思想史是历史的进步，马克思主义的有些观点可能过时，但一些基本原则和方法依然具有生命力，如历史分析、逻辑分析、辩证分析等方法依然是我们今天研究中国思想史的基本原则和方法。但也不可避免地、或多或少地存在着教条化的意味。

需要指出的是，20世纪90年代特别是新世纪以后，中国思想史和中国近代思想史的研究出现了多元化的倾向，这方面的代表作有葛兆光的《中国思想史》（2001）、高瑞泉主编的《中国近代社会思潮》（1996）、郑大华的《民国思想史论》（2006）和《民国思想史论（续集）》（2010）、启良的《20世纪中国思想史》（2009）等，这标志着中国思想史和中国近代思想史研究的进一步繁荣和发展。

（2）史论结合，以史见长

先生的中国近代思想文化史研究是历史与思想的结合，既有丰富的文献资料，又有自己的中国近代思想史观、文化史观。先生学习历史出身，文献功底相当扎实，历史知识十分丰富，被誉为中国文化的"百科全书"。仅以《史稿》为例，涉及的重要文献有《定庵文集》《海国图志》《瀛寰志略》《天朝田亩制度》《资政新篇》《曾文正公全集》《汪悔翁乙丙日记》《李文忠公全集》《张文襄公全集》《养知书屋遗集》《史记札记》《礼记质疑》《中庸质疑》《使西记程》《郭侍郎奏疏》《养知书屋文集》《郭嵩焘日记》《校邠庐抗议》《说文解字段注考证》《显志堂诗文集》《弢园文录外编》《庸庵文编》《庸庵海外文编》《筹洋刍议》《出使四国日记》《适可斋记言记行》《文通》《救时揭要》《易言》《盛世危言》《庸书》《续富国策》《乘槎笔记》《初使泰西记》《出使英、法、俄国日记》《西洋杂志》《航海述奇》《环游地球新录》《万国公报文选》《翼教丛编》《劝学篇》《康子篇》《新学伪经考》《孔子改制考》《日本变政考》《大同书》《欧洲十一国游记》《论世变之亟》《原强》《辟韩》《救亡决论》《天演论》《仁学》《寥天一阁文》《莽苍苍斋诗》《远遗堂集外文》《饮冰室合集》《唐才常集》《经世文新编》《商君评传》《清议报全编》《宋恕集》《新政真诠》《翼教丛编》《革命军》《猛回头》《警世钟》《新民丛报》《东方杂志》《苏报》《民报》《江苏》《国民报》《醒狮》《河南》《直说》《越报》《克复学报》《女子世界》《复报》《湖北学生界》《新世纪》《中国女报》《广益丛报》《四川教育官报》《浙江潮》《游学译编》《民心》《国粹学报》《中国白话报》《童子世界》《觉民》《大陆》《小说林》《月月小说》《二十世纪大舞台》《安徽俗话报》《国粹学报》《天义报》《新世纪》《清末筹备立宪档案资料》《国风报》《中国新报》《外交报》《蜀报》《政论》《大同报》《时报》《孙中山全集》《驳康有为革命书》《国故论衡》《訄书》《建立宗教论》《五无论》《俱分进化论》《蔡元培全集》《宋教仁集》《朱执信集》《师复文存》《独秀文存》《陈独秀文章选编》《鲁迅全集》《胡适文存》《胡适论学近著》《钱玄同文集》《杜亚泉文选》《李大钊全集》《吴虞文录》《青年杂志》《新青年》《灵学丛志》《晨报》等。可见先生用功之勤，涉猎之广。相比于先生，李泽厚等论上见长，其以《史论》名书意即如此。从历史哲学的角度来讲，李泽厚认为偶然与必然是最高范畴，就如同它们也是艺术和生活的最高哲学范畴一样。李泽厚的《中国近代思想史论》就是试图通过思想史的偶然揭示必然。可以说，李泽厚不否定偶然的价值，但更重视的是必然，如他自己所说："当偶然的事件是如此的接近，历史似乎玩笑式地做圆圈游戏的时候，指出必然的规律和前进的路途，依然是一大任务。历史的必然总是通过事件和人物的偶然出现的。"[①] "一切个人的素质、性格、教养，事件的偶然、巧合、骤变，尽管可以造成一代甚至几代人的严重影响，远非无足轻重，但如果与这历史必然的途程比较

---

① 李泽厚：《中国近代思想史论》，三联书店 2008 年版，第 482 页。

而言，也就相对次要了。"① 因此，思想史"以更直接更赤裸也更枯燥的逻辑形式来表现出必然……它只指示着必然的行程"②。遵循这样的历史哲学的原则，李著把重点放在了能代表时代精神的历史人物和产生重大影响的思潮上。

（3）全面系统，内容厚重

不夸张地说，在我国所有对中国近代思想史贯通研究的著作中，先生的《史稿》最为全面、最为厚重。全面体现在《史稿》的分期上，鸦片战争前后时期、太平天国时期、洋务运动时期、戊戌维新时期、辛亥革命时期、"五四"新文化运动时期，涵盖了中国近代的所有时段。厚重不仅体现在《史稿》近80万的字数上，更体现为在同类著作中难以见到的众多人物和丰富史料上，这可以说是凝聚了先生毕生的精力。

（二）对中国近代思想文化史的专题研究

先生对中国近代思想文化史的专题研究集中体现在《中国近代的文化革命》《戊戌思潮论稿》《儒学在近代中国的命运》三部著作中。

1.《中国近代的文化革命》

《革命》一书于1992年由黑龙江教育出版社出版，分六章，广泛深入地研究了中国近代的文化革命，包括"道德革命""文学革命""史界革命""教育改革""圣贤革命"等。

先生认为，中国近代的文化革命，是一场由资产阶级发动和领导的，旨在使中国文化近代化的文化革新和文化重建运动。这场运动对中国传统文化第一次做了全面的清理改造以及再认识和再评价，给中国文化带来了新的生机活力，程度不同地实现了中国文化的创造性转

---

① 李泽厚：《中国近代思想史论》，三联书店2008年版，第483页。
② 李泽厚：《中国近代思想史论》，三联书店2008年版，第484页。

化，初步形成了具有近代意识的文化思想体系。中国近代的文化革命具有值得借鉴的优点：它始终同改造中国、振兴中华的总任务紧密相连，发动者具有强烈的历史责任感、使命感；它涉及文化领域的各主要部门，反映了发动者试图全面清理旧文化、建设新文化的决心，以及整体性的战略眼光；多数发动者、参加者既重务虚又重务实，表现了一种可贵的实践精神。中国近代的文化革命也有明显的缺陷：在破与立的关系上，有重破轻立的倾向；在批判与继承的关系上，有重批判轻继承的倾向；在处理中西文化的关系上，一些人逐步滋长了民族文化虚无主义倾向；许多人具有幼稚的文化决定论倾向，过分夸大了文化各部门的作用，导致了极端狭隘的功利主义和浮躁学风的出现，致使整个运动显得肤浅。

从 20 世纪 80 年代开始，中国近代文化思想领域的各种"革命"逐渐引起了学界的重视，先后发表了一些研究成果，而先生的《革命》一书是这方面的第一本专著，涉及哲学、伦理学、文学、史学、教育等多个领域的"革命"，比较全面和系统。先生所使用的"革命"一词只是借用了当时流行的政治口号，其含义与变革、革新、改革相当。先生对中国近代文化思想领域的各种"革命"进行了辩证分析，既肯定了它们在启蒙、救亡中的价值，又指出了其历史局限性，评价可谓比较客观公允。尽管书中仍运用了阶级分析方法，但也借鉴了文化转型、文化近代化等当时流行的话语和观点，给人以新鲜感。

2. 《戊戌思潮论稿》

《论稿》一书于 1998 年由黑龙江教育出版社出版，全书分十章对戊戌思潮进行了研究。

如果以欧洲的"文艺复兴"为参照系统的话，应当说，中国也有着自身的启蒙运动史。明清之际的启蒙运动是中国启蒙运动的发端，而戊戌思潮则是中国最具典型意义的启蒙思潮之一。以往学界对戊戌维新运动的研究主要侧重于社会史或政治史，侧重从思想文化运动的角度去研究戊戌维新运动的则不多见，先生正是以此为突破口，对戊戌思潮的主题、本质特征、积极影响、不利影响等做出了专题研究和深入分析。

先生指出，救亡、变革、启蒙是戊戌思潮的主题。因为在新学家们看来，当时中国处在空前的民族危机之中，因此应该救亡图存；要救亡图存，就必须学习西方，进行资本主义的改革；要实现变革，必先进行思想启蒙。这三大主题充分显示了戊戌思潮的进步性，决定了它在中国近代史和中国思想史上的光辉地位。戊戌维新的思想家们所倡导的变革旨在谋求中国的现代化。他们在向往、追求工业化和民主化的同时，又对历史主体人的近代化给予了高度关注。先生在对戊戌维新思想家的变革思想进行研究时，全面阐释了他们关于中国现代化的种种设想。

先生认为，戊戌思潮的本质特征在于它的批判性。维新派的思想家将自古以来视为天经地义、神圣永恒的天命、祖制、经训，以及君权、父权、夫权等统统推上了理性的审判台，对于中国传统文化中阻碍现代化的糟粕做了有力的触动和清除。先生把戊戌思潮的这种本质特征表述为"文化批判与重构"，并从对孔子及其儒学的利用和改造、文化革命帷幕的拉开、关于建立宗教的主张等方面，对维新派思想家"文化批判与重构"的内容做了深入的剖析。

戊戌维新运动是中国近代第一次思想解放运动，促进了一种新的思想、文化格局的生成，对中国的现代化进程产生了积极的影响。先生把这种积极影响概括为六个方面：第一，戊戌思潮首先是强烈的爱国主义思潮，它使越来越多的中国人对空前严重的民族危机有了越来越清醒的认识，越来越自觉地将救亡图存、振兴中华看作是最紧迫的历史任务；第二，戊戌思潮旨在变革，它使越来越多的中国人（特别是知识分子）认识到，要救亡振兴，赶上世界历史潮流，就必须学习西方，进行资本主义变革；第三，戊戌维新思想家们对中国的近代化做了总体设计、全面规划，特别注重了一代"新民"的产生对于中国社会转型即近代化的意义；第四，戊戌维新既是一场政治运动，又是一场思想文化运动、伟大的启蒙运动，因此，戊戌思潮在思想文化上的影响更为重要，它促进了具有近代意识的文化思想体系的逐步形成；第五，戊戌思潮促成了中国近代新型知识分子的集结，为中国的近代化事业培养了一支骨干队伍；第六，戊戌思潮对革命思潮和革命风潮的发展壮大，客观上也曾起到了促进、推动作用。

当然，由于特定的时代条件的限定，戊戌思潮也产生了一些不利的影响，先生把它概括为三个方面。第一，戊戌思潮在理论上带有明显的不成熟性。戊戌维新的思想家多是"未能自度，而先度人"，他们对西学的理解尚处于初级阶段，对中学的再认识也是刚刚开始，加上他们对于中国的国情缺乏深入的调查研究，这就决定了他们所建立的理论体系是粗糙的。第二，在戊戌时期，启蒙是与救亡、变革同时进行的，彼此间不可避免地产生了一些矛盾冲突，这使戊戌启蒙思潮的深度和广度受到影响。启蒙、救亡、变革的基本目标是一致的，但启蒙重真理，后者重策略；启蒙贵彻底，后者重实效。这就使得维新派的思想家表现出一种首鼠两端、瞻前顾后、欲前又却的态度，影响了思想启蒙的深入。第三，戊戌思潮不仅先天不足，而且又先天地带有急躁情绪，显得相当浮躁。戊戌维新的思想家对中国近代化事业的长期性、复杂性、艰巨性，以及斗争的严重性缺乏足够的认识，忽视了中国社会经济结构的变革，使得思想启蒙流于表层。

先生的《论稿》是为纪念戊戌运动 100 周年而作，是从思想文化领域研究戊戌维新运动的力作。在书中我们发现，先生把戊戌维新思潮与整个中国的现代化历程紧密联系起来，认为"救亡、变革、启蒙是戊戌思潮的主题，而如何使中国实现近代化则是它的主线和核心内容"①。维新派思想家们已经认识到，社会的变革即是社会的转型，"是农业文明向工业文明、专制政治制度向民主政治制度的转型"②。先生的这些认识是他早期的论著中不曾有过的，反映了先生"活到老，学到老"，不断吸取新营养的开放的学术心怀。

① 张锡勤：《戊戌思潮论稿》，黑龙江教育出版社 1998 年版，第 311 页。
② 张锡勤：《戊戌思潮论稿》，黑龙江教育出版社 1998 年版，第 312 页。

3.《儒学在近代中国的命运》

《命运》于 2011 年由人民出版社出版，是先生晚近的重要代表作。先生分六章探讨了儒学在近代不断被边缘化的过程及其原因，并立足当代中国文化建设的视域，在反思近代思想家对儒学批判的基础上，提出了自己对儒学的基本看法。

先生指出，儒学是中国传统文化的主干，是中国古代社会的主流意识形态。可到近代，尤其是 20 世纪头 10 年，儒学和孔子却连连遭到攻击、批判，其地位、影响不断削弱。在五四之后，儒学的主流地位、统治地位显然是结束了。① 儒学在中国近代的衰落经历了一个动态的过程。清代是儒学的自我清算、自我调整时期，这种清算是一种同室操戈的内讧。太平天国农民战争不仅反官府、反朝廷，而且反儒反孔。当中国历史刚刚跨入近代门槛的时候，孔子和儒学便遭遇一场前所未有、不可想象的狂风暴雨式的猛烈冲击。② 19 世纪 60 至 90 年代，洋务派和早期维新派都还尊孔尊儒，但儒学的实际地位和影响已经开始削弱。戊戌维新时期，维新派的思想家们开始清算儒学，其矛头指向的不仅是"后儒"，也包括原始儒家经典，于是儒学开始受到严重冲击。20 世纪前 10 年，反清革命成为主潮，孔子遭到公开批评，儒学的地位严重动摇。五四新文化运动时期，儒学的主流地位、统治地位最终结束。儒学传统地位的终结，鲜明的历史性标志、界碑是五四。不过我们必须看到，正是由于此前数十年（特别是 20 世纪前 10 年）儒学不断被削弱、遭攻击，才会有五四"打倒孔家店"的"战果"。对儒学传统地位的丧失而言，五四猛烈的批儒批孔只是最后的一斧。③ 五四之后，随着马克思主义在中国的传播，传统儒学最终彻底边缘化。

那么，儒学在中国近代迅速衰落的主要原因是什么呢？有学者将其

---

① 张锡勤：《儒学在中国近代的命运》，人民出版社 2011 年版，第 1 页。
② 张锡勤：《儒学在中国近代的命运》，人民出版社 2011 年版，第 40 页。
③ 张锡勤：《儒学在中国近代的命运》，人民出版社 2011 年版，第 5 页。

归结为一批改革者、新学家们的持续批判，先生认为这种认识失之简单。事实上，儒学在中国近代衰落的主要原因是中国近代社会变革、社会转型、文化革新、文化转型，它与中国近代化进程的展开、古代社会的解体基本同步。① 其历史必然性不言而喻。因为传统儒学赖以生存、发展的母体是中国古代的农业文明、宗族制的社会结构。而到近代，中国社会业已艰难曲折地转型，社会生活、价值观念都在发生历史性的变化，传统儒学逐渐失去了存在的根基。先生指出，儒学在近代的衰微，又同西学东渐有直接关系，它与西学东渐不断深化的进程大体上是同步的。与以儒学为主流的中国传统文化相比，东渐的西学自然是一种异质文化。西学与中学之间不仅存在民族差，而且存在明显的时代差。就历史发展阶段而言，西学较之那时的中学，总体上具有不可否认的先进性。因此，西学的传入，势必给以儒学为主流的中国传统文化带来严峻的挑战。②

当然，儒学在近代的衰微也与新学家们的批判有重要的关系。那么，我们应该如何看待这种批判呢？先生指出，这种批判起到了"排毒""去污"的作用，对儒学做了一次大规模的"净化"工作。这对后来人们全面认识儒学、更深入地研究儒学，做了必不可少的基础工作。而对儒学的转化来说，这种净化工作也是必不可少的，这样，儒学才有"开新"的可能。③ 这是先生对新学家们批判儒学的肯定。但先生也指出了新学家们批判儒学的局限性：一是以政治批判代替文化批判，从而使得这种批判停留于表层，难以全面深入地认识儒学的多重意蕴、内在精神价值等；二是以时代差代替民族差，以西方近代文化之长比中国古代文化之短，结果必然是自我矮化，陷入民族文化虚无主义的泥潭。总体而言，他们的批判文字虽然激烈，但缺乏理论深

---

① 张锡勤：《儒学在中国近代的命运》，人民出版社 2011 年版，第 1 页。
② 张锡勤：《儒学在中国近代的命运》，人民出版社 2011 年版，第 4 页。
③ 张锡勤：《儒学在中国近代的命运》，人民出版社 2011 年版，第 247 页。

度，不少是随感而发。①

在对儒学的式微过程及其原因进行仔细研究、反思新学家们对儒学批判的基础上，先生提出了他自己对儒学的基本看法，也可称作儒学观。

总体而言，先生从三个方面肯定了儒学的价值。第一，儒学的历史价值。先生认为，儒学是数十代中华先哲长期积累而成的思想文化结晶，凝结了两千余年中华民族的智慧，对推动中国古代社会的文明进步做出了巨大的历史贡献。儒学还先后流传于朝鲜、日本、越南等国，成为一种超越了国界的区域性文化。这更足以证明儒学的历史价值。② 第二，儒学的普遍价值。先生认为，儒学虽然有特定的历史痕迹，但也包含普遍价值。儒家在对古代社会制度、秩序的设计和合理性的论证中，包含了诸多"社会所以为社会""人所以为人"的"古今共由之理"。这种古今共由之理超越了时代局限，具有普遍价值。第三，儒学的现代价值。先生指出，儒学是中华民族新文化建设的"根"。儒学是中华文化的"价值底色"，中华民族新文化的建设如果离开了儒学，就会成为一种"无根"的文化。就此而言，作为中国传统文化主流、主干的儒学乃是今天新文化的源头活水之一。③

具体而言，先生主要从四个方面展开了儒学的价值。第一，关注"人禽之别"。为使"近于禽兽"的自然人成为真正的人，儒家始终强调人自身的全面完善。由此形成了重修身、重教化、重心灵塑造和思想境界提升的传统。这种对"人禽之别"的强调，又引出了儒家对人生价值意义的诸多深刻体悟，由此又激发了人们自强不息、刚健有为、奋发进取的精神和积极乐观的生活态度以及忧患意识。第二，对人的社会性有深刻认识。如荀子所说，人所以高于、贵于万物，不仅由于人"有气、有生、有知亦且有义"，而且在于"人能群"。这种对人的社会性的深刻体认，引出了重整体的尚公精神和重社会秩序的观念，以及对协调社会

① 张锡勤：《儒学在中国近代的命运》，人民出版社2011年版，第249页。
② 张锡勤：《儒学在中国近代的命运》，人民出版社2011年版，第250页。
③ 张锡勤：《儒学在中国近代的命运》，人民出版社2011年版，第251页。

人际关系的高度重视。同时，又引出了人们（特别是士人）重社会责任的观念。而后者又引发了士人关注国计民生的家国情怀，以天下为己任的担当精神和奉献精神。第三，大力提倡仁的观念。仁所要求的"泛爱众""爱人类""以爱己之心爱人"，以及"己所不欲勿施于人""己欲立而立人，己欲达而达人"的恕道，长期以来影响深广，形成了具有中国特色的人文精神和人道主义。这种人文精神不只引出了政治上"以不忍人之心行不忍人之政"的仁政思想、民本主义，更重要的是它有利于促成人际关系的和谐。第四，基于天人合一、天下一家、"四海之内皆兄弟"、仁者爱人诸观念，以及起源甚早的对立统一、多样统一的思想，儒家始终以和谐为贵。儒家所重的和谐是全面的，这便是人与天地自然的和谐、人际关系以及个人与群体关系的和谐、人自身的和谐。而且，儒家所重之和又是有原则的，这便是"和而不同""和而不流"。这两条原则使儒家的和谐论更显全面、深刻。① 先生指出，儒学的价值不仅于此，上述仅是"举其大端"，但这些足以说明儒学可以为现代社会、现代文明建设提供有价值的精神资源和思想资源。②

在对儒学的价值进行肯定之后，先生指出，在当下"儒学热"的背景下，我们应以清醒理智的态度给儒学正确定位。儒学的确可以为现代社会、现代文化提供有价值的思想资源，但是这种提供不可能是直接提供、简单拿来的。这是因为，任何学说思想都是在一定历史条件下产生的，都不可能完全解决人类社会今天和明天所面临的一切问题，儒学自然也是如此，其自身存在的历史局限性是明显的。传统儒学的一些基本宗旨、基本价值观念与现代社会、历史潮流的内在冲突和不相容性是显而易见的。因此，今天我们在重视儒学深层内在价值的同时又不应人为地、不适当地拔高儒学，让其承担它所无法承担的重任（比如，指望它引领中国的新文化建设，成为当今的主流文化来支撑现代社会）。正如当

① 张锡勤：《儒学在中国近代的命运》，人民出版社 2011 年版，第 252—253 页。
② 张锡勤：《儒学在中国近代的命运》，人民出版社 2011 年版，第 253 页。

年易白沙所说，我们既要为孔子"减责"，又要为孔子"减负"。我们既不应让孔子对中国古代社会的各种黑暗、罪恶一一负责，又不可将今天现代文化建设的重任统统"堆积孔子之双肩"。显然，少数学者呼吁恢复儒学业已丧失的传统地位，让它成为今天中国的主流意识形态，这是不可能的。[①]

不难看出，先生对儒学在中国近代式微过程的描述是符合历史实际的，对式微原因的分析是深刻的，尤其是先生的儒学观具有重要的现实意义。儒学可谓命运多舛，古代主要是官学红极一时，近代以来其几乎是"四面楚歌"，"山穷水尽"，20 世纪 80 年代尤其是新世纪以来可谓"一阳来复"，"柳暗花明"，以儒学为代表的中华优秀传统文化迎来了新的春天，其主要原因是国力的增强、民族意识的觉醒、党和政府的重视，但与儒家内在的优秀资源也大有关联。诚如先生所说，儒学具有历史价值、普遍价值、现代价值，是构建具有中国特色社会主义新文化重要的"源头活水"。我们今天所要做的就是对儒学做"掘井及泉"的深入研究，理直气壮地弘扬其中的精粹，为建设中华民族新文化而努力。先生是一代马克思主义学者，他分析问题的基本原则、基本方法是历史唯物论和唯物辩证法，所以先生提示我们，在"国学热""儒学热"面前，我们应该保持冷静，用理智的态度去看待和处理眼前的问题。我们在挖掘儒学价值的同时，不要忘记它所存在的与现代社会不能相容的一些历史局限性；在批评近代以来对儒学过激言行的同时，不要忘记他们批判的深刻性。尤其是要看到，某些人试图重建儒教，恢复儒学历史上的官学地位，只能是一种幻想。

（三）对中国近代思想文化史的个案研究

先生对中国近代思想文化史个案研究方面成书的是《梁启超思想平

---

① 张锡勤：《儒学在中国近代的命运》，人民出版社 2011 年版，第 253—254 页。

议》，该书于 2013 年由人民出版社出版，分五章对梁启超的思想做了系统研究。

《平议》奠基于 20 世纪 80 年代初，1984 年即写成一本 17 万的专著，但出版未果。20 多年后又结合新的研究资料和成果撰著了现在 30 万字的专著。

因为梁启超在中国近代史上声名显赫，学界研究成果颇多，尤以《梁启超》《梁启超传》为名的著作为多，不下数十种；除此之外，还有从不同领域研究梁启超思想的，如哲学思想、人生哲学思想、超道德主义思想、美学思想、启蒙思想、政治思想、法律思想、经济思想、教育思想、学术思想、新史学思想等。而对梁启超思想做综合研究的专著并不多见，其中有宋文明著的《梁启超的思想》（台北水牛图书出版事业有限公司 1991 年 1 版 2 刷），认为"梁启超为我国近代史上一位非常重要的人物，亦是一位伟大人物。不论研究中国近代史，近代政治和学术，都将离不开梁启超这位人物"，"梁启超更是一位致力于中西文化全面交流的开创性人物……能从国学转西学，再从西学转国学，主张西化而不盲从，尊重传统而不复古，钻进钻出，吸精去芜，而能始终保持客观与批判态度者"①。宋文明分别从梁启超与传记文学、看儒家思想、道德观、历史哲学、方法论、进步主义、新民思想、经济思想、看世界人类前途、论人性等方面对梁启超的思想进行了阐释，全书言简意赅，提纲挈领。钟珍维、万发云著有《梁启超思想研究》（海南人民出版社 1986 年版），认为在中国近代史上，"梁启超是个比较重要的人物。他不仅是一个……政治活动家，而且是一位颇有成就的学者，他在中国的政治舞台上活动达三十年之久，学术思想也给后世留下了深远的影响……他的思想，和他那个时代的中国历史一样，非常复杂曲折，有正确的，也有错误的；时而前进，又时而落伍。但总的来看……他是一个功大于过，应该给予

---

① 宋文明：《梁启超的思想》，台北水牛图书出版事业有限公司 1991 年版，《自序》第 1—2 页。

肯定的历史人物"①。该书从社会基础、理论渊源、政治思想、经济思想、哲学思想、史学思想、法制思想、新闻思想、文学思想、科技思想、历史地位等方面对梁启超的思想做了较为全面的阐释。与上述论著相比，《平议》的特点较为明显。

1. 功底深厚

先生长期从事中国近代思想文化史的研究，文献积累十分丰厚，理论分析相当深入。在研究个案的时候，总能从中国近代思想文化史的宏观视域出发，给出研究对象恰当的历史定位，也能在与其他研究对象的比较中显现出研究对象自身的特色。《平议》就是把梁启超思想放在中国近代思想文化史的大背景下进行研究的，认为在中国近代史上，梁启超是一位留下了深深印记的重要历史人物。他活跃于历史舞台的时日相对较长，从戊戌到辛亥，再到五四，直到第一次国内革命战争、"四一二"政变之后。在多次重大的历史事件中，他或是领袖人物，或是起了重大作用的主要参与者，正面和负面的影响都不小。由于他"学问欲"极强、极广，又极为勤奋，因而在诸多学术领域均有重要建树。今天，我们不论是研究中国近代的政治史，还是思想史、文化史都不可能撇开梁启超。一部中国近代思想史，形象一点说可以称得上是几代先辈寻找中国前途出路的"寻路记"，而梁启超则是中国近代重要的"寻路人""规划师"之一。他对中国"病症"的"诊断书"和所开出的"药方"，所规划设计的蓝图曾在当时有过重要影响。我们今天要想做出客观的评价，必须对梁启超活跃于历史舞台的几个时间段的历史全局有全面正确的把握。这样，才能将梁启超的思想置于当时的历史环境下，做出全面正确的评价。

---

① 钟珍维、万发云：《梁启超思想研究》，海南人民出版社1986年版，《前言》第1页。

2. 研究深入

与上一点相联系，先生对梁启超思想的研究非常深入。在对梁启超政治思想的研究上，先生采用了动态分析法，对他各个时期的政治思想及其变化都做了深入研究，包括戊戌时期救亡图存、变法维新和"兴民权""开民智"的呼吁，20 世纪初的民族主义与"新民"说，1905 年前后与革命派的论战及其"开明专制"论，"预备立宪"期间的君主立宪论，辛亥革命中的"虚君共和"论和辛亥革命后的"共和专制"论，五四后的社会改良主义等，既全面又深入。在对梁启超伦理思想的研究上也非常深入，包括"利群"的伦理观，论"公德"与"私德"当并重，论道德与法律、经济、政治的关系，在道德变迁论与道德不变论之间的摇摆，论利己与利群、爱他，论苦乐生死，论"无我"，责任人生观、趣味人生观、以仁为"全体大用"的人生观，论道德修养等，可谓细致入微。其他如对梁启超哲学思想、文化思想的研究亦复如是。

3. 重在平议

"平议"即客观公正的价值评判，因为对梁启超思想的看法分歧较多，所以先生试图以实事求是的态度对其进行"照辞若镜"的价值评判。

在对梁启超的正面评价上，《平议》提到了三点。第一，可敬的爱国者。梁启超生活的年代，正是中国民族危机日益深重的时代，这刺激了青年梁启超投身于政治，从此以后，他所念念不忘的就是国家民族的前途命运，亦即如何挽救中国的危亡并使之走上振兴之路。"他一生都在为实现中华民族的解放和振兴而求索、奋斗，是一位可敬的爱国者。"① 梁启超晚年曾对学生说，在政治上、学术上他虽屡变，但也有中心思想和一贯主张，中心思想就是爱国，一贯主张就是救国。他自始至终是一个

---

① 张锡勤：《梁启超思想平议》，人民出版社 2013 年版，第 327 页。

热烈的爱国主义者。① 第二，具有强烈变革意识的变革者。梁启超坚信只有变革才能救中国，他一生都在探求符合世界潮流和中国国情的变革、振兴之路，在中国近代社会变革史上，这位变革者的历史贡献是主要的。第三，中国近代新文化体系的主要建设者。梁启超"以著作报国"自许，因此，"他又是中国近代新文化体系的主要建设者之一，是在学术上作了开拓性贡献的一代宗师"②。

　　在对梁启超的批评性评价中，《平议》能够进行辩证的分析，较有说服力。有一些缺点是很多人经常提到的，也是梁启超所承认的。概括起来大致有三。第一是"杂"。首先内容杂，梁启超的《饮冰室合集》，人文社会科学各领域几乎无所不包，简直是一部百科全书。《平议》认为这不能认为只是缺点，它广博、丰富，也能使人多方受益。其次是学术渊源杂，既有西又有中，在西与中中又有各种学派。"为了紧迫的需要而兼收并蓄，但却未能或不及融为有机的一体，所以就显得芜杂。"③ 第二是"浅"，这和杂是紧密相连的。梁启超自己也承认：因为他"所嗜之种类繁杂"，"故入焉而不深"；因为"病爱博"，所以"浅且芜"。晚年他曾坦承，"我对于任何学问并没有专门的特长"，这固然是自谦之词，但"入而不深"则是事实。④ 但"浅"也有另一面，如果把梁启超许多文章的通俗浅显也说成是"浅"的话，那么这种"浅"倒是优点。"事实上他诸多通俗浅显、清新明快且富有感情的文字，对于启蒙宣传曾起了很好的作用。"⑤ 第三是"多变"。梁启超在政治上、思想上、学术上的多变是出了名的。"而且，有时是一百八十度的大转弯，自打嘴巴，给人以把柄。"⑥ 梁启超的"多变"源于时代的"多变"，其中也有不变者，这就是爱国救国之心。

---

① 张锡勤：《梁启超思想平议》，人民出版社 2013 年版，第 335 页。
② 张锡勤：《梁启超思想平议》，人民出版社 2013 年版，第 328 页。
③ 张锡勤：《梁启超思想平议》，人民出版社 2013 年版，第 331 页。
④ 张锡勤：《梁启超思想平议》，人民出版社 2013 年版，第 331 页。
⑤ 张锡勤：《梁启超思想平议》，人民出版社 2013 年版，第 332 页。
⑥ 张锡勤：《梁启超思想平议》，人民出版社 2013 年版，第 333 页。

《平议》之平议真正做到了"平"，既实事求是，又能辩证分析。《平议》不论正面之"议"还是负面之"议"都符合历史的事实和梁启超思想的实际。《平议》的辩证分析既坚持了总体上的两点论，又贯彻到了对梁启超思想缺陷的评价中，即指出了缺点中的优点，难能可贵。而且，对于梁启超的思想缺点，能够把它放到当时具体的历史情境中去阐释，这是历史唯物论的方法，能够让人产生一种"同情的理解"。

先生的《平议》不可能十全十美，也有值得进一步商榷的问题。最主要的是怎么样运用阶级分析方法才算恰当，把梁启超所有思想的特征与中国资产阶级的要求和软弱挂上钩是否有说服力？还有一点，正像先生在《后记》中所提到的那样，作为对梁启超思想的综合研究可以抓重点，但没有经济类等思想的研究毕竟是"一个缺憾"[①]。

四

先生长期从事中国伦理思想史的研究，其成果可以分为五类：第一类是史料整理，代表作是《中国道德名言选粹》（以下简称《选粹》）和《中国传统道德：名言卷》（以下简称《名言卷》）；第二类是范畴研究，代表作是两个版本的《中国传统道德举要》（以下简称《举要》）；第三类是通史，代表作是《中国伦理思想通史》（以下简称《通史》）和《中国伦理思想史》（以下简称《史》）；第四类是道德生活史，代表作是《中国伦理道德变迁史稿》（以下简称《史稿》）；第五类是断代史，代表作是《中国近现代伦理思想史》。

（一）资料整理类著述

先生领衔和参与的资料整理类著述是《选粹》和《名言卷》。《选

---

① 张锡勤：《梁启超思想平议》，人民出版社 2013 年版，第 365 页。

粹》是先生和柴文华合作编撰，1990 年由黑龙江人民出版社出版。《名言卷》是当时国家教委组织编写的《中国传统道德》丛书中的一卷。该丛书的顾问是李岚清、张岱年，编委会主任是朱开轩，主编是罗国杰。《名言卷》主编是朱贻庭和先生，1995 年由中国人民大学出版社出版。

《选粹》的近千条资料，是编者在多年研究积累的基础上认真筛选出来的，这些名言具有行文精彩、富有哲理、影响大等特点。重点选取在历史上影响较大的思想家的言论，对于那些脍炙人口、流传久远，又与伦理道德密切相关的文学家、史学家的言论也多有涉猎。《选粹》侧重于选取在现实生活中具有实践意义的道德规范、道德修养和道德教育等方面的内容。对于那些理论色彩较浓的论述选取较少。全书按主题思想分为 43 篇。每篇开头是提要，主要从总体上说明各篇的内容、意义以及编者的简要评价。根据原文的难度，间有今译、注释。在若干原文所构成的一层意思之后，有编者的评论。为便于了解原文的出处，专门做了人物简介和著作简介置于书末。《名言卷》收录了自殷周至近代辛亥革命长达 3000 年间所积累下来的道德名言近 4000 条，涉及经、史、子、集等文献 200 余种；以汉族为主，兼收蒙古族、藏族、维吾尔族、回族、傣族、壮族等少数民族的格言；言者除著名的思想家、政治家、文学家，还有许多名不见经传的普通学者和劳动人民；学派有儒、墨、道、法等。全卷按传统道德名言的具体内容及其思想层次，列 5 篇，计 54 节、175 目。

《选粹》和《名言卷》虽然主要是史料整理和筛选，但也有自身的一些特点。

1. 选编的目的是弘扬中国优秀传统道德，并对之进行创造性转化和创新性发展，从而为当代中国的道德建设提供借鉴。《选粹》的《前言》指出，中国是礼仪之邦，具有悠久的文化和丰富的精神文明积蓄。在前人的道德思想中，包含不少具有积极意义和永恒价值的精湛论述，至今读起来仍给人一种启人心智、净化灵魂、使人振奋、催人向上的积极作用。人们能够从这些陈年老酒中品味出绵长的幽香，获得有益的精神滋养和享受，进一步认识和匡正自己的人生，健全自己的人格。《名言卷》卷序指出，中国传统道德中的"当理"名言，如能结合当前社会的特点，加以理解，赋予新的时代内容，在今天，仍有很重要的现实意义。中国人对传统名言的认同是一种深层次的文化认同，这种认同本身就是批判地继承，就是一种创造性的转化。比如，我们认同"先天下之忧而忧，后天下之乐而乐"，已经以今之"天下"取代了古之"天下"，其所当忧和当乐，自然也有所不同。我们应该以马克思主义为指导，对之进行创造性的转化。

2. 有理论分析和价值评判，如《名言卷》卷序所说，发掘传统道德的精华，不仅仅是一种"事实的陈述"或"事实判断"，而且也要进行"价值的评价"或"价值判断"，这主要体现在二书每一篇的篇首语和书中的评论上。《选粹》的第一篇《重德》乃先生执笔，篇首语是："重德治，是儒家的传统，这一主张为中国历代大多数政治家、思想家所推崇，在中国历史上曾产生过巨大影响。为了贯彻重德治的主张，许多思想家对道德的社会作用，道德与政治、法律、暴力的关系，以至道德与革命和革命党的关系，发表过许多议论。虽然，他们中许多人夸大了道德的作用，具有道德决定论的倾向，但是，他们的一些议论具有明显的合理因素和积极意义，这对于我们今天正确认识和发挥道德的作用是有重要参考价值的。"① 在数段名言所构成的一层意思之后，先生又有评论：先哲们对道德的作用做了深入的阐述。他们认为，刑政出于强制，它只能使人们因"畏威"而"远罪"，并不能消除人们的"为恶之心"。因刑政的强制而"远罪"不是出于内心的自觉，是勉强的，而道德则是通过人们内心的信念、情感、良心和社会舆论来约束、调整人们的行为。它能服人之心、正人之心，使人从内心深处以作恶为可耻，而自觉地为善。因此，道德的威力更大。正因为如此，他们主张治理国家应以道德为本。但是，他们并没有抹杀、否定刑政的作用，把"德治"看作是治国的唯

---

① 张锡勤、柴文华：《中国道德名言选粹》，黑龙江人民出版社 1990 年版，第 1 页。

一手段，而是认为道德与刑政两者是相互辅助、相互补充、缺一不可的。①《名言卷》也是如此，每一篇都有《导语》，体现出编者的理论分析和价值评判。

3. 有清晰的逻辑结构。《选粹》是按照德治、德育、规范、节操、修养等逻辑线索编撰的。《名言卷》分《德治教化》《公私义利》《品德节操》《修身养性》《人生处世》五篇，相互贯连，自成体系。如《〈名言卷〉卷序》所说，《德治教化》反映了道德功能与治国安邦、育才造士、道德表率、移风易俗以及齐家的关系，充分体现了古贤关于"重德""重教"的思想，而正是在这一思想的指导下，才会有丰富的道德实践，也才会有大量的总结道德实践的言论，故列《德治教化》为首篇。《公私义利》为第二篇，所录关于"群己""公私""义利""理欲"诸方面的名言，反映了传统伦理道德所蕴含的"贵公""重义"精神，其中关于"爱群、利群""公而忘私""先公后私""见利思义""以义谋利""以理导欲"等价值方针和行为模式，集中地体现了中国传统道德价值观的精华。《品德节操》篇就是这种"贵公""重义"价值观的具体体现，故列为第三篇。而要使道德价值观和品德节操的要求化为人们内在的德行，就必须修身养性，故列《修身养性》为第四篇。"修身养性"并非道德实践的目的所在，作为道德主体，要通过修养，使道德要求更好地落实到人生处世上，故列《人生处世》为第五篇。"总之，全卷各篇前后贯通，互相联系，构成了一个完整的体系。"②

《选粹》出版后，李耀宗刊文认为，该书特色鲜明、结构严谨、主题明确、涵盖较宽、应用性强。③ 傅盛安刊文认为，该书具有的特点为：坚持以马克思主义为指导思想，具有广泛性、实用性等。④《选粹》和《名

---

① 张锡勤、柴文华：《中国道德名言选粹》，黑龙江人民出版社 1990 年版，第 5 页。

② 朱贻庭、张锡勤：《中国传统道德：名言卷》，中国人民大学出版社 1995 年版，第 4 页。

③ 李耀宗：《〈中国道德名言选粹〉述评》，载《道德与文明》1992 年第 1 期。

④ 傅盛安：《〈中国道德名言选粹〉评介》，载《学术交流》1991 年第 5 期。

言卷》主要是对中国传统道德资料的筛选，是大众所喜闻乐见的精彩名句，对道德实践具有重要的指导意义。常想起在编撰《选粹》时先生跟我说过的话，大意是，先哲们的语言文字不多，但很精练，很有味道，现代人的有些论说很长，不少都是废话。那些精练而有味道的名言往往能给人一种精神的激励，甚至流传千古。当然，《选粹》和《名言卷》毕竟属于一种资料整理，总体而言，实践性大于理论性，叙述性多于原创性，这也恰恰是这类著述的特点。

（二）范畴研究

范畴是大的概念。先生在中国传统道德范畴研究方面的代表作是两个版本的《举要》。首版《举要》1996 年由黑龙江教育出版社出版，增订版《举要》2009 年由黑龙江大学出版社出版。增订版《举要》与首版《举要》比，增加了约 10 个条目和几个附录，字数由原来的 32 万增加到45 万。两个版本的《举要》整体上没有质的变化，可以合而论之。

1. 在《举要》中，先生首次提出自己的中国传统伦理文化观，亦即对中国传统伦理文化的基本看法。从人类伦理文化的角度来看，先生提出了两个"之一"，认为中国传统伦理文化是人类最早的伦理文化源泉之一，也是人类历史上最为完备、成熟的伦理文化之一。就历史地位和影响而言，先生认为独具特色的中国传统伦理文化在人类伦理文化遗产中占有重要地位，在历史上，它曾对日本、朝鲜、越南等国家的伦理文化产生过重要的、直接的影响。由中国古代家族本位的社会结构所决定，伦理道德在中国古代社会生活秩序的建构中具有重要意义。因此，中国传统文化乃是一种伦理型文化，中国自古以来就形成了一种重道德的传统，历朝历代无不高度重视并力图最大限度地发挥道德的社会功能。重德的传统使中国伦理道德遗产异常丰富，形成了一系列的传统美德，它使中国早就获得了"礼仪之邦"的美誉。立足今天的视域，我们要充分认识到，中国传统伦理道德是一个多层面的矛盾复合体，体现了时代性与超越性、阶级性与民族性的矛盾统一。中国传统伦理文化毫无疑问具有明显的时代性、阶级性，随着历史的发展，它的不少内容与要求已经过时。但是，作为一个文化传统从未中断的伟大民族对人类道德生活的一种系统反思和总结，中国传统伦理文化在许多方面又反映、包括了人类某些"公共生活规则"和"古今共由"的为人处世之道，体现了诸多人类的基本理智和情感，因此其又具有普遍性、共同性的一面，而这些也正是那些具有超越性、恒久性的东西，它不仅在今天具有现实意义，在将来也仍有其内在的活力。中国传统伦理文化表现了中华民族自身独特的心理、行为模式和情感表达方式，形成了独具特色的中华道德精神和礼俗。这种民族性不论在历史上还是今天，都是维系中华民族共同体的精神纽带，是民族凝聚力的源泉。根据中国传统伦理文化时代性与超越性、阶级性与民族性的矛盾统一的事实，我们今天对它所持的正确态度就是批判地继承。既要批判、剔除过时的东西，又要继承、吸取具有恒久价值的部分。这就需要排除来自彻底抛弃中国传统文化的民族文化虚无主义和盲目固守中国传统文化的文化保守主义这两方面的干扰。

2. 强调了研究中国传统道德范畴对于把握中国传统伦理文化本来面目的重要性。先生指出，在对待中国传统伦理文化的原则、方针确定之后，最重要的是进行扎扎实实的工作，了解中国传统伦理道德到底是些什么。按照孟子的话说，做一种"掘井及泉"的工作，更加具体、深入地了解中国传统伦理道德的全貌，而要做到这一点，必须对中国传统的道德观念、范畴、规范、道德教育和修养方法进行研究，从而显现中国传统伦理道德的全貌。①

3.《举要》的确抓住了中国传统伦理道德的"要"，即以儒家为经，非儒为纬的主要道德范畴以及基本思想。在初版《举要》的《后记》中，先生有两点担心：一是本书所述及的恐未必尽是中国传统道德之"要"；二是中国传统道德之"要"，也可能有些尚未被本书论及，我觉得这些担心是多余的。《举要》所涉及的中国传统伦理道德的观念、范畴、规范等

---

① 张锡勤：《中国传统道德举要》，黑龙江教育出版社 1996 年版，《前言》第 1—4 页。

是十分丰富的，有道德、伦理、德治、法治、义利、理欲、公私、荣辱、苦乐、生死、三纲、五常、孝、忠、贞、谏诤、友悌、仁、恕、智、勇、礼、诚、信、廉、耻、谦、让、谨慎、勤俭、公正、正直、宽厚、贵和、气节、知报、奉献、中庸、表率、自强、自尊、自信、教化、乐教、神道设教、乡规民约、家教、家规、移风易俗、修身、改过、重行、慎独、自省、重微、经权、力命、德才等，这些都是中国传统伦理道德的"核心"或重要内容，基本展示出了中国传统伦理道德的全貌。

从我国对中国伦理思想的研究来看，多数都是按历史时间和代表人物来书写的，也有按问题书写的。如陈瑛主编的《中国伦理思想史》（湖南教育出版社 2004 年版）分先秦、秦汉至明清、鸦片战争到新中国成立三编，每一编都是按照问题书写的，主要包括德治与法治、伦理道德的理论基础、伦理精神和道德原则、人生观、道德教育与修养、道德规范与行为准则、职业道德、家庭道德教育等；又如张岱年的《中国伦理思想研究》（江苏教育出版社 2005 年版）包括总论、中国伦理学说的基本问题、道德的层次序列、道德的阶级性与继承性、如何分析人性学说、仁爱学说评析、评"义利"之辨与"理欲"之辨、论所谓纲常、意志自由问题、天人关系论评析、道德修养与理想人格等。与先生《举要》比较接近的是陈瑛、焦国成主编的辞书《中国伦理学百科全书·中国伦理思想史卷》（吉林人民出版社 1993 年版），该书分总论、名词学说、人物、著作、少数民族伦理思想几部分，其对中国伦理思想史的名词概念做了较为系统的梳理和解说。相比而言，先生的《举要》是中国唯一一部真正意义上的中国伦理道德范畴论，其地位和规模有似于在中国哲学范畴史研究中张岱年的《中国哲学大纲》、葛荣晋的《中国哲学范畴史》、张立文的《中国哲学范畴发展史》（天道篇）和《中国哲学范畴发展史》（人道篇）一样，是具有鲜明特色和标志性的研究成果。此外，先生的《举要》还是真正意义上的中国传统道德范畴史，梳理出每一个观念、范畴、规范等的动态发展过程及其复杂的含义，为我们真正把握中国传统伦理道德的全貌提供了坚实的基础。先生的《举要》尽管如他所说有汉族以外其他少数民族伦理道德的暂时空缺，但足以撑起中国传统伦理道德范畴研究第一作的美誉。

（三）通史研究

先生在通史研究方面的代表作是《通史》和《史》。

《通史》由先生和孙实明、饶良伦主编，杨忠文、王凯、柴文华参与撰稿，1992 年黑龙江教育出版社出版，分上下两册，字数约 50 万。

谈到中国伦理思想史的撰写，最早可以追溯到蔡元培 1910 年出版的《中国伦理学史》（商务印书馆），这是中国第一部伦理思想史，尽管篇幅不大，但涵盖的人物、思想不可谓不丰富，从三代一直写到清初的戴震、黄宗羲、余理初。20 世纪 80 年代之后，中国伦理思想史的研究进入一个繁荣阶段。1985 年，陈瑛、温克勤、唐凯麟、徐少锦、刘启林合作出版了 66 万字的《中国伦理思想史》（贵州人民出版社），对从先秦一直到五四时期的中国伦理思想史做了解读和阐释，按照该书《后记》的话说："自蔡元培先生辛亥革命前写的那本《中国伦理学史》问世以后，一直没有一本中国人写的系统的中国伦理思想史，现在总算有了"。[①] 就中国伦理思想通史研究的角度来说，此话不为过。1989 年，华东师范大学出版社推出了朱贻庭主编的《中国传统伦理思想史》，从西周写到清朝的戴震。该书 2003 年出版了增订版，增加了第八章"中国传统伦理思想的近代变革"和结语"关于中国传统伦理的现代价值研究"等。

先生等主编的《通史》与之前出版的同类著作相比，第一个明显的特色就是时间跨度大，是第一部从中国伦理思想的诞生写到毛泽东的中国伦理思想通史。第二，其力图以马克思主义为指导，本着实事求是和具体问题具体分析的精神，科学地总结了中国伦理思想从先秦到现代发展的全过程，探索了中国伦理思想的发展规律和特点。其力求正确反映历史上各家伦理学说的本来面貌，揭示其一系列概念、范畴、原则、规范的真实意蕴，并在把握其精神实质的基础上，客观地评价了其历史意

---

① 　陈瑛等：《中国伦理思想史》，贵州人民出版社 1985 年版，第 969 页。

义和普遍意义。第三，其注意阐明各伦理思想体系的内在逻辑联系，阐明各思想家的伦理思想同其整个思想体系的逻辑联系、同历史背景的必然联系，以及各个思想体系间的对立统一关系和批判继承关系。第四，其力求站在时代的高度，把握现实的真正需要，进行正确的批判继承，做到取其精华，弃其糟粕，总结历史的经验教训，挖掘有启发性的思想资料，以利古为今用。第五，其在尊重学界流行看法的基础上，努力提出自己的创建，以期引起人们的进一步思考，起到抛砖引玉的效果。第六，由于《通史》属于改革开放早期的作品，距文革结束时间不久，难免有一些历史的痕迹，如运用阶级分析方法、哲学党性分析方法过度等，价值评判上未能完全做到客观和公正。

之后比较厚重的中国伦理思想通史类著作还有沈善洪、王凤贤的《中国伦理思想史》上中下三册（人民出版社 2005 年版），字数达到 123 万多，从中国伦理思想的诞生写到五四新文化运动。2008 年，中国人民大学出版社出版了罗国杰主编的《中国伦理思想史》上下卷，字数达到 125 万多，这是又一部从殷商写到毛泽东的中国伦理思想通史。

先生主编的《史》是 2009 年教育部哲学社会科学重大课题攻关项目（马克思主义理论研究和建设工程重点教材编写专项）的结项成果，2015 年由高等教育出版社出版。先生和杨明、张怀承为该课题组首席专家，主要成员有柴文华、肖群忠、吕锡琛、邓名瑛、徐嘉、傅小凡、唐文明、关健英、张继军，分别来自国内八所高校。《史》是比较早顺利通过层层审查的教材，不论是各类标题，还是逻辑结构以及文字表述，都比较规范、稳妥。《史》的《绪论》分别谈到中国伦理思想形成的社会历史背景、历史进程、基本特点、意义和方法等。在谈到中国伦理思想的基本特点时，《绪论》将其概括为四点：其一，儒家伦理思想居于主导地位；其二，强调伦理道德在社会生活中的作用，形成了重德的传统；其三，强调整体主义，重视整体内部的秩序、和谐；其四，重视修养实践、追求理想人格。在《史》出版 17 年前，先生就提出了对中国传统伦理道德基本精神的看法，将之概括为"尚公""重礼""贵和"三大方面①，《绪论》中对中国伦理思想基本特点的概括是对先生先前观点的进一步发挥。由于《史》教材身份的特色，四平八稳是应该的，但与其他通史类论著相比可能创新性偏弱。

（四）道德生活史研究

先生在中国道德生活史研究方面的代表作是《史稿》。《史稿》是国家教育部人文社会科学项目结项成果，由先生和柴文华主编，主要撰稿人还有樊志辉、魏义霞、关健英、张继军、王秋，分上下卷，计62万余字，2008年由人民出版社出版。《史稿》具有自身的特点，得到了学界的好评。

1. 理论拥抱生活

《史稿》出版后，时任中国伦理学会会长，后任名誉会长的陈瑛撰文给予了高度评价，题目即是《当理论拥抱生活之时——读〈中国伦理道德变迁史〉有感》。文章指出，"理论是灰色的，而生活之树常青"，这是黑格尔的名言，但人们为什么喜欢经常引用？"因为理论一旦脱离生活，就会变得枯涩、坚硬，她似乎孤高冷傲地站在那里，冷冰冰地俯视着生活，而对人们没有任何益处。然而，当理论一旦回归生活、拥抱生活时，她就会立即变得温暖而亲切，其力量和作用也迅速彰显出来。这是我在读《中国伦理道德变迁史》一书时的强烈感受。……百余年来的中国伦理学史研究，特别是改革开放以来，创获颇丰，成绩瞩目，但是人们总觉得有一种遗憾和不足，那就是在此前的著述中往往只重理论，重视对于历史上思想家的论述，却很少看到生活，看到当时人们生活中的所思

① 张锡勤：《尚公·重礼·贵和：中国传统伦理道德的基本精神》，载《道德与文明》1998年第4期。

所行。张锡勤、柴文华主编的这本书一改旧面目,让我们耳目一新。"①

2. 时间跨度大

《史稿》从中国伦理道德的萌芽一直写到"八荣八耻"社会主义荣辱观的提出,可以称作中国伦理道德变迁真正意义上的通史,展示了中国伦理道德变迁史的全貌。

3. 明确提出了中国伦理道德发展阶段论

《史稿》的《导言》为先生撰写,提出了成熟的中国伦理道德发展八阶段论。第一,先秦是中国伦理道德的萌芽、奠基时期。第二,两汉是中国传统伦理道德体系基本确立、成形的时期。第三,魏晋至隋唐五代是中国伦理道德整合嬗变的时期。所谓整合,不仅是思想文化领域不同思潮、文化的整合,尚有胡汉、南北的整合。第四,宋明是中国传统伦理道德体系进一步完备、纲常礼教的权威完全确立的时代。第五,明清之际是三纲和某些传统观念受到初步挑战的时代。第六,近代(1840—1919)是中国伦理道德的转型期。第七,现代(1919—1949)就其主流而言无疑是马克思主义伦理学说和共产主义道德开始在中国传播、流行的时期,同时又是一个中国历史上罕见的伦理道德多元化的时期。第八,当代(1949年至今)乃是社会主义道德在中国建立的时期。八阶段论充分展示出整个中国伦理道德变迁的动态轨迹,气势恢宏而又细致入微。

正像有的评论者所指出的那样:"编写一部中国伦理道德变迁史是一项较大的工程,集体合作无疑是一种较好的方式,但由于各人的视角、思路以及写作方式、行文习惯的差异,故而各章节之间仍存在一些不尽统一之处。当然,既是多人分别撰写,稍有差异也是情理中事。"②

《史稿》出版后,除了陈瑛的评价外,还有不少学者给予了中肯的评

---

① 陈瑛:《当理论拥抱生活之时——读〈中国伦理道德变迁史〉有感》,载《道德与文明》2009年第2期。

② 杨辉:《简评〈中国伦理道德变迁史稿〉》,《光明日报》2009年3月26日。

价，认为《史稿》含蕴丰富，创意颇多，特别阐释了此前学界少为关注的一些道德变迁现象，开拓了中国伦理道德研究的新视野，把中国伦理道德变迁的全貌完整地展现在世人面前，无疑具有重要的理论价值。[①] 不夸张地说，《史稿》是中国第一部系统研究中国道德生活史的力作，又一次展示出先生及其团队在中国伦理道德研究方面的创获。

（五）断代史研究

先生在断代史研究方面的代表作是《中国近现代伦理思想史》，该书是先生与饶良伦、杨忠文的合作成果，1984 年由黑龙江人民出版社出版。

《中国近现代伦理思想史》是中国第一部近现代的断代伦理思想史，所涵盖的内容比较丰富，包括鸦片战争时期、太平天国时期、戊戌维新时期、辛亥革命时期、五四新文化运动时期、新民主主义革命时期的伦理思想。涉及的主要人物有龚自珍、魏源、洪秀全、洪仁玕、曾国藩、汪士铎、王韬、郑观应、薛福成、康有为、严复、谭嗣同、唐才常、梁启超、章太炎、蔡元培、孙中山、陈独秀、李大钊、鲁迅、吴虞、蒋介石、吴稚晖、胡适、张东荪、梁漱溟、冯友兰、陈立夫、李达、刘少奇、毛泽东等。先生在《中国近现代伦理思想史》的《前言》中指出，在中国伦理思想发展史上，近现代是一个十分重要的时期。这个时期虽然总共才 109 年，但在伦理道德领域却发生了极其巨大、深刻的变化。《中国近现代伦理思想史》的作者始终坚持马克思主义哲学的基本立场，运用马克思主义哲学的基本方法研究中国近现代伦理思想史，注重各种伦理思想产生的社会背景和其间的逻辑关系，是进入 20 世纪 80 年代以后率先奉献给大家的中国伦理思想史研究方面的重要成果。正像《前言》所说：

①　杨辉：《简评〈中国伦理道德变迁史稿〉》，《光明日报》2009 年 3 月 26 日第 12 版。

"在此冬去春来、万象更新的大好时代，我们献出了一束平凡的'三叶草'。"① "三叶草"尽管平凡，但毕竟是奉献给新时代的一抹绿色。

《中国近现代伦理思想史》的历史局限性和它那个时代几乎所有哲学社会科学成果一样，都是过度坚持了斗争哲学和阶级分析方法，可以说这是那个时代的共同特征。

综上所述，先生及其所带领的团队在中国伦理思想史的研究上开创了国内数个第一：出版了第一部中国近现代的断代伦理思想史、第一部中国道德名言选粹、第一部从孔夫子到毛泽东的中国伦理思想通史、第一部中国传统道德范畴史、第一部从中国伦理道德产生到"八荣八耻"社会主义荣辱观的道德生活史，为龙江的文化建设做出了重要的贡献，也使得龙江成为中国伦理道德史研究在全国同一领域中的一个"重镇"。

五

先生在黑龙江大学教学和科研第一线工作了半个多世纪，给我们留下了丰厚的精神遗产，整理、出版、继承这份遗产，是一项重要的文化工程，也是对先生的最好纪念。

在学校和学院领导的关心和支持下，在编纂组成员的积极努力下，在黑龙江大学出版社相关人员的帮助下，《张锡勤文集》即将陆续出版发行。先生生前对《文集》的规模、结构、内容都做过审定。我们尊重先生生前的意见，拟编纂九卷本。第一卷为《中国近代思想文化史稿》（上卷），第二卷为《中国近代思想文化史稿》（下卷），第三卷为《中国近代的文化革新》，第四卷为《戊戌思潮论稿》，第五卷为《梁启超思想平议》，第六卷为《儒学在近代中国的命运》，第七卷为《中国传统道德举要》，第八卷为《中国伦理思想两种》，第九卷为《一得集》。在此基础

---

① 张锡勤等：《中国近现代伦理思想史》，黑龙江人民出版社 1984 年版，《前言》第 2 页。

上另册出版《张锡勤学术年谱》和纪念先生的一些文字，拟列为《文集》的第十卷。

张继军、王秋为《总序》提供了部分资料，于跃对《总序》进行了校读，在此一并致谢！

谨以拙诗作为《总序》的结语：

一生一世温如玉，
双知双淑诗礼融。
观云览月识千古，
拣金披沙过万重。

参考文献

一

［1］张锡勤，柴文华. 中国道德名言选粹［M］. 哈尔滨：黑龙江人民出版社，1990.

［2］朱贻庭，张锡勤. 中国传统道德：名言卷［M］. 北京：中国人民大学出版社，1995.

［3］张锡勤. 中国传统道德举要［M］. 哈尔滨：黑龙江教育出版社，1996.

［4］张锡勤. 中国传统道德举要［M］. 哈尔滨：黑龙江大学出版社，2009.

［5］张锡勤，孙实明，饶良伦. 中国伦理思想通史　先秦—现代（1949）［M］. 哈尔滨：黑龙江教育出版社，1992.

［6］《中国伦理思想史》编写组. 中国伦理思想史［M］. 北京：高等教育出版社，2015.

［7］张锡勤，柴文华. 中国伦理道德变迁史稿［M］. 北京：人民出版社，2008.

［8］柴文华，杨辉，康宇，等. 中国现代道德伦理研究［M］. 北京：社会科学文献出版社，2011.

［9］柴文华，孙超，蔡惠芳. 中国人伦学说研究［M］. 上海：上海古籍

出版社，2004.

[10] 柴文华. 再铸民族魂——中国伦理文化的诠释和重建［M］. 哈尔滨：黑龙江教育出版社，1997.

[11] 柴文华. 中国异端伦理文化［M］. 哈尔滨：哈尔滨工程大学出版社，1994.

[12] 柴文华. 中国异端伦理文化［M］. 哈尔滨：哈尔滨工程大学出版社，2007.

[13] 柴文华，马庆玲，姜华. 中国非儒伦理文化［M］. 哈尔滨：黑龙江科学技术出版社，2002.

[14] 柴文华. 真善美的哲学寻踪［M］. 哈尔滨：黑龙江人民出版社，2003.

[15] 柴文华. 现代新儒家文化观研究［M］. 北京：生活·读书·新知三联书店，2004.

[16] 樊志辉，王秋. 中国当代伦理变迁［M］. 北京：中国社会科学出版社，2012.

[17] 关健英. 先秦秦汉德治法治关系思想研究［M］. 北京：人民出版社，2011.

[18] 张继军. 先秦道德生活研究［M］. 北京：人民出版社，2011.

二

[1] 蔡元培. 中国伦理学史［M］. 北京：东方出版社，1996.

[2] 张岱年. 中国伦理思想研究［M］. 南京：江苏教育出版社，2005.

[3] 罗国杰. 中国伦理思想史［M］. 北京：中国人民大学出版社，2008.

[4] 罗国杰. 中国传统道德 教育修养卷［M］. 北京：中国人民大学出版社，1995.

[5] 罗国杰. 中国传统道德 规范卷［M］. 北京：中国人民大学出版

社，1995.

[6] 罗国杰. 中国传统道德 理论卷 [M]. 北京：中国人民大学出版社，1995.

[7] 陈瑛，温克勤，唐凯麟，等. 中国伦理思想史 [M]. 贵阳：贵州人民出版社，1985.

[8] 陈瑛，焦国成. 中国伦理学百科全书 中国伦理思想史卷 [M]. 长春：吉林人民出版社，1991.

[9] 沈善洪，王凤贤. 中国伦理思想史（上中下）[M]. 北京：人民出版社，2005.

[10] 朱贻庭. 中国传统伦理思想史（增订本）[M]. 上海：华东师范大学出版社，2003.

[11] 温克勤. 中国伦理思想简史 [M]. 北京：社会科学文献出版社，2013.

[12] 陈少峰. 中国伦理学史（上册） [M]. 北京：北京大学出版社，1996.

[13] 陈少峰. 中国伦理学史（下册） [M]. 北京：北京大学出版社，1997.

[14] 樊浩. 中国伦理精神的历史建构 [M]. 南京：江苏人民出版社，1992.

[15] 肖群忠. 中国道德智慧十五讲 [M]. 北京：北京大学出版社，2008.

[16] 唐凯麟. 中华民族道德生活史·先秦卷 [M]. 上海：东方出版中心，2014.

[17] 唐凯麟. 中华民族道德生活史·秦汉卷 [M]. 上海：东方出版中心，2014.

[18] 唐凯麟. 中华民族道德生活史·魏晋南北朝卷 [M]. 上海：东方出版中心，2015.

[19] 唐凯麟. 中华民族道德生活史·隋唐卷 [M]. 上海：东方出版中心，2015.

[20] 唐凯麟. 中华民族道德生活史·宋元卷 [M]. 上海：东方出版中心，2015.

[21] 唐凯麟. 中华民族道德生活史·明清卷 [M]. 上海：东方出版中心，2015.

[22] 唐凯麟. 中华民族道德生活史·近代卷 [M]. 上海：东方出版中心，2015.

[23] 唐凯麟. 中华民族道德生活史·现代卷 [M]. 上海：东方出版中心，2014.

[24] 江万秀，李春秋. 中国德育思想史 [M]. 长沙：湖南教育出版社，1992.

[25] 张锡生. 中国德育思想史 [M]. 南京：江苏教育出版社，1993.

[26] 陈谷嘉，朱汉民. 中国德育思想研究 [M]. 杭州：浙江教育出版社，1998.

[27] 张祥浩. 中国古代道德修养论 [M]. 南京：南京大学出版社，1993.

[28] 李书友. 中国儒家伦理思想发展史 [M]. 南京：江苏古籍出版社，1992.

[29] 唐凯麟，张怀承. 成人与成圣——儒家伦理道德精粹 [M]. 长沙：湖南大学出版社，1999.

[30] 王泽应. 自然与道德——道家伦理道德精粹 [M]. 长沙：湖南大学出版社，1999.

[31] 张怀承. 无我与涅槃——佛家伦理道德精粹 [M]. 长沙：湖南大学出版社，1999.

[32] 王月清. 中国佛教伦理研究 [M]. 南京：南京大学出版社，1999.

[33] 巴新生. 西周伦理形态研究 [M]. 天津：天津古籍出版社，1997.

[34] 朱伯崑. 先秦伦理学概论 [M]. 北京：北京大学出版社，1984.

[35] 许建良. 先秦儒家道德论 [M]. 南京：东南大学出版社，2010.

[36] 姜生. 汉魏两晋南北朝道教伦理论稿 [M]. 成都：四川大学出版社，1995.

［37］许建良. 魏晋玄学伦理思想研究［M］. 北京：人民出版社，2003.

［38］陈谷嘉. 宋代理学伦理思想研究［M］. 长沙：湖南大学出版社，2006.

［39］陈谷嘉. 元代理学伦理思想研究［M］. 长沙：湖南大学出版社，2010.

［40］姜生，郭武. 明清道教伦理及其历史流变［M］. 成都：四川人民出版社，1999.

［41］唐凯麟. 走向近代的先声——中国早期启蒙伦理思想研究［M］. 长沙：湖南教育出版社，1993.

［42］张岂之，陈国庆. 近代伦理思想的变迁［M］. 北京：中华书局，1993.

［43］徐顺教，季甄馥. 中国近代伦理思想研究［M］. 上海：华东师范大学出版社，1993.

［44］张怀承. 天人之变——中国传统伦理道德的近代转型［M］. 长沙：湖南教育出版社，1998.

［45］唐凯麟，王泽应. 20 世纪中国伦理思潮［M］. 北京：高等教育出版社，2003.

［46］王泽应. 现代新儒家伦理思想研究［M］. 长沙：湖南师范大学出版社，1997.

［47］邹昌林. 中国礼文化［M］. 北京：社会科学文献出版社，2000.

［48］王子今. "忠"观念研究——一种政治道德的文化源流与历史演变［M］. 长春：吉林教育出版社，1999.

［49］肖群忠. 孝与中国文化［M］. 北京：人民出版社，2001.

三

［1］陈瑛. 当理论拥抱生活之时——读《中国伦理道德变迁史》有感［J］. 道德与文明，2009（2）.

［2］柴文华，罗来玮. 略论张锡勤先生对中国伦理道德史的研究［J］. 求是学刊，2017，44（3）.

［3］关健英. 评《中国伦理思想通史》［J］. 孔子研究，1994（3）.

［4］李耀宗.《中国道德名言选粹》述评［J］. 道德与文明，1992（1）.

［5］傅盛安.《中国道德名言选粹》评介［J］. 学术交流，1991（5）.

［6］杨辉. 简评《中国伦理道德变迁史稿》［N］. 光明日报，2009.

［7］唐永进. 一部颇具新意之作——读《再铸民族魂——中国伦理文化的诠释和重建》［J］. 中华文化论坛，1998（4）.

［8］杨威. 中国伦理文化的现代建构——《再铸民族魂——中国伦理文化的诠释和重建》评介［J］. 北方论丛，1999（4）.

［9］郑莉. 世界发展理论与民族魂之再铸——兼评《再铸民族魂——中国伦理文化的诠释和重建》［J］. 求是学刊，1998（4）.

［10］马庆玲. 重建中华民族伦理精神的有益探索——读《再铸民族魂——中国伦理文化的诠释和重建》［J］. 天府新论，1998（4）.

［11］焦国成，郭忻. 改革开放三十年来的中国伦理思想史研究［J］. 道德与文明，2008（5）.

［12］肖群忠. 中国伦理思想史研究的回顾与展望［J］. 道德与文明，2011（1）.

［13］许广明. 蔡元培先生的《中国伦理学史》［J］. 伦理学与精神文明，1982（0）.

［14］王泽应. 张岱年对20世纪中国伦理思想的贡献［J］. 南通大学学报，2007（5）.

［15］熊坤新. 一部关于中国伦理思想史研究方法论的专著——略评张岱年先生的《中国伦理思想研究》［J］. 贵州大学学报，1991（4）.

［16］王文东. 罗国杰先生对中国伦理思想史的探索和学术贡献［J］. 船山学刊，2015（5）.

［17］李汉武. 中国伦理思想研究的开拓之作——读《中国伦理思想史》［J］. 道德与文明，1986（2）.

［18］幽人. 中国伦理思想史研究的新探索——读陈瑛主编《中国伦理思

想史》［J］．道德与文明，2004（5）．

［19］熊坤新．对中国伦理思想史发展进程的深度把握和理性分析——评《中国伦理思想史》的学术贡献［J］．伦理学研究，2006（1）．

［20］贾新奇．老树新枝　嘉惠后人——读温克勤先生新著《中国伦理思想简史》［J］．伦理学研究，2015（1）．

［21］王泽应．旧学商量加邃密　新知培养转深沉——唐凯麟教授学术思想述要［J］．高校理论战线，2005（10）．

［22］文贤庆．《中华民族道德生活史》丛书书评［J］．伦理学研究，2016（5）．

［23］朱义禄．伦理学史研究的新成果——读《中国传统伦理思想史》［J］．江汉论坛，1990（8）．

［24］方国根．中国伦理思想的历史梳理与理论阐释——读《中国伦理思想史》（上中下三册）［J］．浙江社会科学，2006（2）．

后
记

　　"论龙江的中国伦理思想史研究"是黑龙江省哲学社会科学研究规划重点项目，是有关"在龙江的文化"的一项自我总结和研究课题，对于推进龙江文化研究和中国伦理思想史研究的开展和深化具有重要意义。我们总结自己，不是为了自我表扬，而是为了发现自己研究的不足，从而获得前进的动力，明确继续努力的方向。

　　我们选择龙江的中国伦理思想史作为研究对象，是为了纪念张锡勤先生。张锡勤先生出生于扬州，毕业于北京师范大学，却把毕生的精力贡献给了龙江这片黑土。他引领了龙江的中国伦理思想史研究，并取得了丰硕的成果，值得我们永久纪念。

　　"龙江中国伦理思想史研究"是集体合作项目，除了课题组成员谷真研、于跃、国梁的参与之外，还邀请了几位同志撰写了部分内容，已在各章节中随文标注，在此表示感谢！其中，谷真研、于跃各撰写了5万字，国梁撰写了1万字，其他由柴文华撰写，柴文华并对全书进行了修改、统稿、定稿。同时，感谢黑龙江大学出版社魏玲女士的辛劳。

柴文华

2021年冬于冰城哈尔滨

217